机械加工工艺基础

JIXIE JIAGONG GONGYI JICHU

主　编　李世修

参　编　李　培　魏世煜　邓云辉　钱　飞
　　　　杨雯俐　荀树党

主　审　邓开陆　李　培

重庆大学出版社

内容提要

本书是根据职业技术院校教学计划及教学大纲组织编写的。主要内容包括：台阶轴加工基础、传动轴加工基础、齿轮轴加工基础、端盖零件加工基础、箱体零件的加工基础。本书可作为数控技术专业和加工制造专业类教材，也可作为成人高校、二级职业技术学院和民办高校的机械相关专业教材，还可作为中短期培训教材，或作为自学用书。

图书在版编目(CIP)数据

机械加工工艺基础/李世修主编.—重庆:重庆
大学出版社,2014.8(2022.8重印)
国家中等职业教育改革发展示范学校建设系列成果
ISBN 978-7-5624-8329-8

Ⅰ.①机… Ⅱ.①李… Ⅲ.①机械加工—工艺学—中
等专业学校—教材 Ⅳ.①TG5

中国版本图书馆 CIP 数据核字(2014)第 153134 号

机械加工工艺基础

主 编 李世修
主 审 邓开陆 李 培
策划编辑:杨粮菊

责任编辑:李定群 高鸿宽 版式设计:杨粮菊
责任校对:邹 忌 责任印制:张 策

*

重庆大学出版社出版发行
出版人:饶帮华
社址:重庆市沙坪坝区大学城西路 21 号
邮编:401331
电话:(023) 88617190 88617185(中小学)
传真:(023) 88617186 88617166
网址:http://www.cqup.com.cn
邮箱:fxk@ cqup.com.cn (营销中心)
全国新华书店经销
POD:重庆新生代彩印技术有限公司

*

开本:787mm×1092mm 1/16 印张:10.5 字数:262 千
2014 年 8 月第 1 版 2022 年 8 月第 3 次印刷
ISBN 978-7-5624-8329-8 定价:35.00 元

编审委员会

目　录

目　录

项目 1

阶梯轴加工基础

●工作任务

选择加工如图 1.1 所示阶梯轴工件的设备和加工方法。

●能力目标

1. 碳钢的分类及选用。
2. 金属切削加工基本规律。
3. 车刀几何角度定义,车刀材料、结构、类型及选用。
4. 表面粗糙度。
5. 车床、车削加工特点与选用。
6. 游标卡尺的使用。

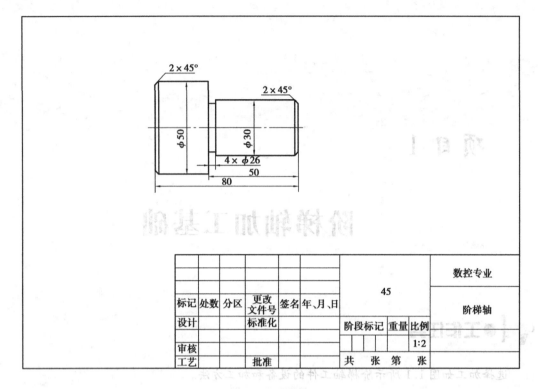

图 1.1 阶梯轴

任务 1.1 识读阶梯轴零件图

1.1.1 阶梯轴零件的结构

如图 1.1 所示阶梯轴为典型的轴类零件。零件的各组成部分是同轴回转体,且轴向尺寸大于径向尺寸,轴上有轴间、退刀槽、倒角。主要加工面为 $\phi 50$ mm 和 $\phi 30$ mm 两圆柱面,两端倒角为 C2。

1.1.2 阶梯轴零件材料

由图 1.1 可知,该阶梯轴的材料为 45 钢,45 表示优质碳素结构钢的牌号,其平均含碳量为 0.45%。

1.1.3　阶梯轴零件加工技术要求

（1）表面粗糙度

外圆柱面和两端面的表面粗糙度均为 $R_a12.5\mu m$。

（2）倒角

两处倒角 $C2$。

任务 1.2　相关基础知识

1.2.1　碳素结构钢

（1）钢的分类

按钢的用途，钢可分为结构钢、工具钢和特殊钢。结构钢有工程用结构钢（如建筑工程用钢、桥梁工程用钢、车辆工程用钢）和优质结构钢（如调质钢、渗碳钢、弹簧钢、轴承钢等）两类。工具钢有刃具钢、模具钢、量具钢等。特殊性能钢中有不锈钢、耐热钢、耐磨钢等。

按化学成分，钢可分为碳素钢、低合金钢、合金钢 3 类。

按组织，钢可分为亚共析钢、共析钢、过共析钢 3 类。

（2）常用碳素结构钢的牌号及选用

1）碳素钢的分类

①按照钢中碳的质量分数分类

a. 低碳钢（$W_C<0.25\%$）。

b. 中碳钢（$0.25\% \leqslant W_C \leqslant 0.60\%$）。

c. 高碳钢（$W_C>0.60\%$）。

②按钢的用途分类

a. 碳素结构钢主要用于制作机械零件和工程构件，一般属于低、中碳钢。

b. 碳素工具钢主要用于制作刀具、量具和模具，一般属于高碳钢。

③按钢的主要质量等级分类

a. 普通质量碳素钢（$W_s \geqslant 0.045\%$，$W_p \geqslant 0.045\%$）。

b. 优质碳素钢（硫、磷含量比普通质量碳素钢少）。

c. 特殊质量碳素钢（$W_s \leqslant 0.02\%$，$W_p \leqslant 0.02\%$）。

此外，钢按冶炼方法不同，可分为转炉钢和电炉钢；按冶炼时脱氧程度的不同，可分为沸腾钢、镇静钢、半镇静钢及特殊镇静钢等。

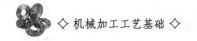

2）碳素结构钢

碳素结构钢牌号由屈服点汉语拼音首字母 Q、屈服点数值、质量等级符号、脱氧方法符号 4 部分按顺序组成。例如，Q235-A·F 表示屈服强度为 235 MPa 的 A 级沸腾钢。碳素结构钢价格低廉，工艺性能优良。它主要用于一般工程结构和普通机械零件。碳素结构钢通常热轧成各种型材，一般不经热处理而直接使用。碳素结构钢的牌号有 Q195，Q215，Q235，Q255，Q275 等。

碳素结构钢中的 Q195，Q215，通常轧制成薄板、钢筋供应市场，也可用于制作铆钉、螺钉、轻负荷的冲压零件和焊接结构件等。

Q235，Q255 强度相对于 Q195，Q215 稍高，可制作螺栓、螺母、销子、小轴、吊钩和不太重要的机械零件以及建筑结构中的螺纹钢、型钢、钢筋等；质量较好的 Q235C，D 级可作为重要焊接结构用材；Q275 钢可部分代替优质碳素结构钢 25 钢，30 钢，35 钢使用。

3）优质碳素结构钢

优质碳素结构钢的牌号用两位数字表示，两位数字表示钢中平均含碳量的万分数。例如，45 钢，表示平均 $W_C = 0.45\%$ 的优质碳素结构钢。当钢中含锰量较高（W_{Mn} 0.7% ～ 1.2%）时，在两位数字后面加上符号"Mn"，如 65Mn 钢，表示平均 $W_C = 0.65\%$，并含有较多锰的优质碳素结构钢。如果是高级优质钢，在数字后面加上符号"A"；特级优质钢在数字后面加上符号"E"。优质碳素结构钢牌号有 08F，10，15，25，35，40，45，50，55，65，40Mn，50Mn，65Mn。

08F 钢，碳的质量分数低，塑性好，强度低，主要用于强度要求不高的冷冲压件，如汽车和仪表仪器外壳、盖、罩等。

10—25 钢，冷塑性变形和焊接性好，可用于强度要求不高、低负载、形状简单的零件及渗碳零件，例如机罩、焊接容器、小轴、螺母、螺栓、垫圈及渗碳齿轮等。

30—55 钢、40Mn 钢、50Mn 钢经调质后可获得良好的综合力学性能，主要用于受力较大的机械零件，如齿轮、齿条、蜗杆、连杆、机床主轴及曲轴等。

60—70 钢、60Mn 钢、65Mn 钢具有较高的强度，可用于制造各种弹簧、机车轮缘、凸轮、钢轨、低速车轮等。

1.2.2 表面粗糙度

（1）表面粗糙度的基本概念

在切削加工过程中，由于刀具和零件表面之间的摩擦、切屑分离时的塑性变形及工艺系统的振动等原因，使得工件加工表面产生间距较小的峰谷。把零件加工表面上具有较小的间距和峰谷所组成的微观几何形状特征，称为表面粗糙度，如图 1.2 所示。表面粗糙度影响零件的使用性能，如配合的可靠性、疲劳强度、耐腐蚀性、耐磨性、机械结构的灵敏度及传动精度等。

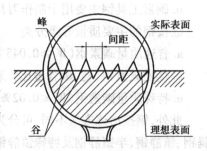

图 1.2　表面粗糙度

（2）表面粗糙度的评定参数

表面粗糙度常用的评定参数有：轮廓算术平均偏差 R_a、微观不平度十点高度 R_y 和轮廓最大高度 R_z 等。其中，轮廓算术平均偏差 R_a 为最常用的评定参数，它是指在取样长度内，轮廓上的各点至中线距离的绝对值的算术平均值，通常用电动轮廓仪测定。R_a 的数值见表1.1，优先选用表1.1中的第一系列。

表1.1　轮廓算术平均偏差 R_a 的数值

第一系列	第二系列	第一系列	第二系列
	0.008		1
	0.01		1.25
0.012		1.6	
	0.016		2
	0.02		2.5
0.025		3.2	
	0.032		4
	0.04		5
0.05		6.3	
	0.063		8
	0.08		10
0.01		12.5	
	0.125		16
	0.16		20
0.2		25	
	0.25		32
	0.32		40
0.4		50	
	0.5		63
	0.63		80
0.8		100	

（3）表面粗糙度符号及含义

表面粗糙度符号及含义见表1.2。

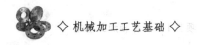

表 1.2　表面粗糙度的符号及意义

符　号	意　义	表面粗糙度参数和各项规定注写的位置
$\checkmark$	基本符号,单独使用这符号是没有意义的	
$\checkmark$	基本符号上加一短画,表示表面粗糙度是用去除材料方法获得。例如,车、铣、钻、磨、剪切、抛光、腐蚀、电火花加工等	a_1 b a_2 c (f) e d w,a_2——粗糙度高度参数的允许值,μm b——加工方法、镀涂或其他表面处理 c——取样长度,mm d——加工纹理方向符号 e——加工余量,mm f——粗糙度间距参数值,mm;或轮廓支承长度率
$\checkmark$	基本符号加一小圆,表示表面粗糙度是用不去除材料的方法获得。例如,铸、锻、冲压变形、热轧、冷轧、粉末冶金等或者是用于保持原供应状况的表面(包括保持上道工序的状况)	
$\checkmark$ $\checkmark$ $\checkmark$	以上3个符号的长边可加一横线,用于标注参数;在长边与横线间可加一小圆,表示所有表面具有相同的表面粗糙度要求	

(4)表面粗糙度的标注及经济加工方法

表面粗糙度的经济加工法见表 1.3,在图样上的标注如图 1.3 所示。

表 1.3　表面粗糙度的经济加工方法

R_a 值		R_z、R_y 值	
代号	意　义	代号	意　义
$\underset{3.2}{\checkmark}$	用任何方法获得的表面,R_a 的最大允许值为 3.2 μm	$R_z3.2$	用任何方法获得的表面,R_y 的最大允许值为 3.2 μm
$\underset{3.2}{\checkmark}$	用去除材料获得的表面,R_a 的最大允许值为 3.2 μm	R_z200	用不去除材料方法获得的表面,R_z 的最大允许值为 200 μm
$\underset{3.2}{\checkmark}$	用不去除材料获得的表面,R_a 的最大允许值为 3.2 μm	$R_z3.2$ $R_z1.6$	用去除材料方法获得的表面,R_z 的最大允许值 R_{zmax} 为 3.2 μm,最小允许值 R_{zmin} 为 1.6 μm
$\underset{\underset{1.6}{3.2}}{\checkmark}$	用去除材料方法获得的表面,R_a 的最大允许值 R_{zmax} 为 3.2 μm,最小的允许值 R_{zmin} 为 1.6 μm	$R_y\underset{12.5}{3.2}$	用去除材料方法获得的表面,R_z 的最大允许值为 3.2 μm,R_y 的最大允许值为 12.5 μm

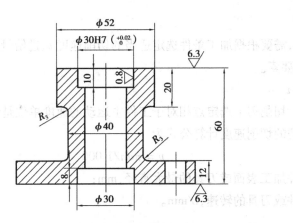

图 1.3 表面粗糙度的标注

1.2.3 金属切削加工基础知识

(1)切削运动与切削要素

1)切削运动

金属切削加工时刀具与工件之间的相对运动,称为切削运动。切削运动可分为主运动和进给运动。主运动是切下切屑所需要的最基本的运动;进给运动是使刀具能继续切下金属层所需要的运动。切削运动的形式有旋转的、平移的、连续的、间歇的。一般主运动只有一个,进给运动可多于一个。如图 1.4 所示车削外圆时,工件的旋转运动为主运动。

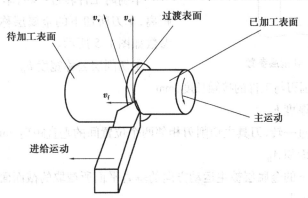

图 1.4 车削外圆的切削运动和加工表面

在切削过程中,工件上形成 3 种表面。

①待加工表面

工件上将被切去的一层金属表面。

②已加工表面

工件上将被刀具切削后形成的新的金属表面。

③加工表面(过渡表面)

工件上正在被切削的金属表面。

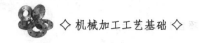

2)切削要素

切削加工时,需要根据加工条件选定适当的切削速度v、进给量f和背吃刀量a_p的数值,称为切削用量三要素。

①切削速度v

切削加工时,切削刃上选定点相对于工件主运动的速度单位是米/分(m/min)。

车、钻、铣、磨的切削速度计算公式为

$$v = \pi dn/1\,000$$

式中　　d——工件加工表面或刀具的最大直径,mm;

　　　　n——工件或刀具的转速,r/min。

②进给量f

进给量f是指刀具在进给方向上相对于工件的移动量。单位是 mm/r(对于车削、镗削等)或 mm/行程(对于刨削、磨削等)。

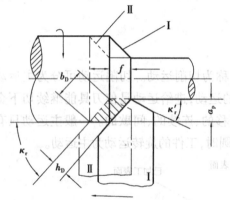

图1.5　切削层参数

③背吃刀量a_p

对于车削和刨削来说,背吃刀量a_p是工件上待加工表面和与加工表面间的垂直距离,mm。车削圆柱面的a_p为该次切除余量的1/2;刨削平面的a_p为该次的切削余量。

3)切削层参数

车削时工件转过一转,车刀主切削移动一个f距离,车刀所切下的金属层称为切削层。切削层参数如图1.5所示。

①切削层公称宽度b_D

它是刀具主切削刃与工件的接触长度,mm。

②切削层公称厚度h_D

它是工件每装过一转,刀具主切削刃相邻两个位置间的垂直距离,mm。

③切削层公称面积A_D

它是工件被切下的金属层被主运动方向的垂直平面所截取的截面面积,mm。

(2)金属切削刀具

切削过程中,直接完成切削工作的是刀具。无论哪种刀具,一般都由切削部分和夹持部分组成。夹持部分是用来将刀具夹持在机床上的部分,要求它能保证刀具正确的工作位置,传递所需要的运动和动力,并且夹固可靠,装卸方便。切削部分是刀具上直接参加切削工作的部分,为了保证切削顺利进行,要求刀具在材料方面具备一定的性能,并且还要求刀具具有适合的几何形状。

1)刀具材料

①对刀具材料的基本要求

刀具材料是指切削部分的材料。它在高温下工作,要承受较大的压力、摩擦、冲击和振

动等,因此应具备以下基本性能:

A.较高的硬度

刀具材料的硬度必须高于工件材料的硬度,常温硬度在以上。

B.足够的强度和韧度

以承受切削力、冲击和振动。

C.好的耐磨性

以抵抗切削过程中的磨损,维持一定的切削时间。

D.高的耐热性

以便在高温下仍能保持较高硬度,又称为红硬性或热硬性。

E.好的工艺性

以便于制造各种刀具。工艺性包括锻造、轧制、焊接、切削加工、磨削加工和热处理性能等。目前,尚没有一种刀具材料能全面满足上述要求。因此,必须了解常用刀具材料的性能和特点,以便根据工件材料的性能和切削要求,选用合适的刀具材料。

②常用的刀具材料

目前,在切削加工中常用的刀具材料有碳素工具钢、合金工具钢、高速钢、硬质合金及陶瓷材料等。碳素工具钢硬度较高、价廉,但耐热性较差。在碳素工具钢中加入少量的 Cr,W,Mn,Si 等元素,形成合金工具钢(如 9SiCr 等),可适当减少热处理变形和提高耐热性。由于这两种刀具材料的耐热性较低,常用来制造一些切削速度不高的手工工具,如锉刀、锯条、铰刀等;较少用于制造其他刀具。目前,生产中应用最广的刀具材料是高速钢和硬质合金,而陶瓷刀具主要用于精加工。

2)刀具角度

切削刀具的种类虽然很多,但它们切削部分的结构要素和几何角度有着许多共同的特征。各种多齿刀具或复杂刀具,就每个刀齿而言,都相当于一把车刀的刀头。下面以车刀为例,进行分析和研究刀具的角度。

①车刀切削部分的组成

车刀切削部分主要由"三面两刃一尖"组成的,即前刀面、主后刀面和副后刀面、主切削刃、副切削刃及刀尖,如图 1.13 所示。

A.前刀面

刀具上切屑流过的表面。

B.后刀面

同前刀面相交形成主切削刃的后刀面,称为主后刀面,即与过渡表面相对的表面;同前刀面相交形成副切削刃的后刀面,称为副后刀面,即与已加工表面相对的表面。

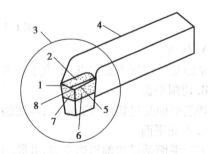

图 1.6　车刀的组成

1—副切削刃;2—前刀面;3—刀头;4—刀杆;
5—主切削刃;6—主后刀面;7—副后刀面;8—刀尖

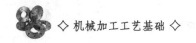

C. 切削刃

切削刃是指刀具上拟作切削用的刃。它可分为主切削刃和副切削刃。主切削刃是起始于切削刃上主偏角为零的点,即前面与主后面的交线,切削时,负担主要的切削工作。副切削刃是指切削刃上除主切削刃以外的刃,也起始于主偏角为零的点,但它向背离主切削刃的方向延伸,即前面与副后面的交线,切削过程中,也起一定的切削作用。

D. 刀尖

主切削刃与副切削刃的连接处相当少的一部分切削刃,称为刀尖。实际刀具的刀尖并非绝对尖锐,而是一小段曲线或直线,分别称为圆弧刀尖和倒角刀尖。

②辅助平面

刀具要从工件上切除余量,就必须使它的切削部分具有一定的切削角度。为定义、规定不同角度,适应刀具在设计、制造、刃磨、测量及工作时的多种需要,需选定空间的基准坐标平面作为参考系,即3个相互垂直的辅助平面,如图1.7所示。

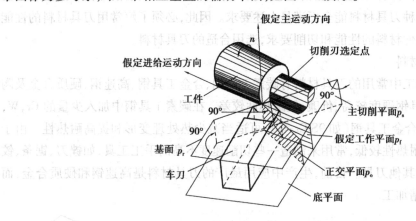

图 1.7　车刀的辅助平面

A. 基面

基面是过切削刃选定点,垂直于该点假定主运动方向的平面。

B. 切削平面

切削平面是过切削刃选定点,与切削刃相切,并垂直于基面的平面。

C. 正交平面

正交平面是过切削刃选定点,并同时垂直于基面和切削平面的平面。

③车刀的主要角度

在车刀设计、制造、刃磨及测量时,需要确定以下5个主要角度(见图1.8):

A. 主偏角 κ_r

主偏角 κ_r 是在基面中测量的主切削平面与假定工作平面间的夹角。

B. 副偏角 κ_r'

副偏角 κ_r' 是在基面中测量的副切削平面与假定工作平面间的夹角。

C. 前角 γ_o

前角 γ_o 是在正交平面中测量的前刀面与基面的夹角。根据前刀面和基面相对位置的不同,可分为正前角、零度前角和负前角。当取较大的前角时,切削刃锋利,切削轻快,即切削层材料变形小,切削力也小。但当前角过大时,切削刃和刀头的强度、散热条件和受力状

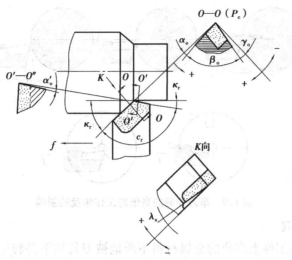

图1.8　车刀角度

变差,将使刀具磨损加快,耐用度降低,甚至崩刃损坏。若取较小的前角,虽切削刃和刀强度高,散热条件和受力状况也较好,但切削刃变钝,对切削加工也不利。前角的大小常根据工件材料、刀具材料和加工性质来选择。当工件材料塑性大、强度和硬度低,刀具材料强度和韧性好,精加工时,取大的前角;反之,取较小的前角。例如,用硬质合金车刀切削结构钢件,γ_o可取$10° \sim 20°$;切削灰口铸铁,γ_o可取$5° \sim 15°$等。

D. 后角 α_o

后角 α 是正交平面中测量的后刀面与切削平面间的夹角。后角的主要作用是减少刀具后刀面与工件表面间的摩擦,并配合前角改变切削刃的锋利与强度。后角大,摩擦小,削刃锋利。但后角过大,将使切削刃变弱,散热条件变差,加速刀具磨损。反之,后角过小,虽切削刃强度增加,散热条件变好,但摩擦加剧。后角的大小常根据加工的种类和性质来选择。例如,粗加工或工件材料较硬时,要求切削刃强固,后角取较小值,$\alpha_o = 6° \sim 8°$;反之,切削刃强度要求不高,主要希望减小摩擦和已加工表面粗糙度值,后角可取稍大的值,$\alpha_o = 8° \sim 12°$。

E. 刃倾角 λ_s

刃倾角 λ_s 是在主切削平面中测量的主切削刃与基面间的夹角。刃倾角有正、负和零之分。刃倾角主要影响刀头的强度、切削分离和排屑方向,负的刃倾角可起到增强刀头的。但会使背向力增大,有可能引起振动,而且还会使切屑排向已加工表面,可能划伤、拉毛已加工表面。因此,粗加工时为了增强刀头,λ_s 常取负值;精加工时为了保护已加工表面,λ_s 常取正值或零值。车刀的刃倾角一般在$-5° \sim +5°$选取。有时为了提高刀具的耐冲击能力,λ_s 可取较大的负值。

④刀具的工作角度

在实际工作中,刀具安装位置及切削合成运动方向的变化会使刀具的实际角度有别于标注角度,这种工作状态下的刀具角度称为工作角度。如图1.9所示为车刀安装位置对工作角度的影响。当车刀刀尖高于工作中心,切削点处的切削方向就不与刀杆底面垂直,从而使基面和切削平面的位置发生变化,工作前角 λ_{oe} 增大,而工作后角 α_{oe} 减小;当刀尖低于工件中心时,角度的变化情况相反,工作前角减小,而工作后角增大。

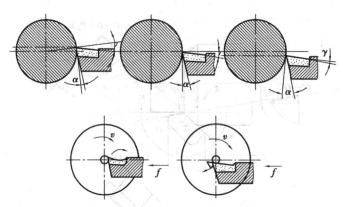

图 1.9　车刀安装的高低对工作角度的影响

（3）金属切削过程

金属切削过程是工件上多余的金属材料不断地被刀具切下并转变为切削，形成已加工表面的过程。切削过程中的许多物理现象，如切削力、切削热、刀具磨损以及加工表面质量等，将直接或间接地影响工件的加工质量和生产效率。

1）切削的形成过程及种类

①切削形成过程

金属的切削过程实际上与金属的挤压过程很相似。切削塑性金属时，材料受到刀具的作用，开始产生弹性变形、塑性变形，当挤压应力达到材料的强度极限时，金属材料被挤裂，并沿着刀具的前刀面流出成为切屑。

②切屑的种类

由于工件材料的塑性不同、刀具的前角不同或采用不同的切削用量等，会形成不同类型的切屑，并对切削加工产生的影响。常见的切屑有以下 4 种（见图 1.10）：

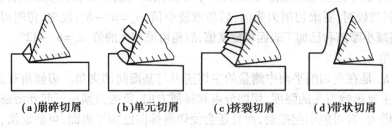

（a）崩碎切屑　　（b）单元切屑　　（c）挤裂切屑　　（d）带状切屑

图 1.10　切削的种类

A.崩碎切屑

在切削铸铁和青铜等脆性材料时，切削层金属发生弹性变形以后，一般不经过塑性变形就突然崩落，形成不规则的碎块状屑片，即为崩碎切屑，如图 1.10（a）所示。产生崩裂切屑时，切削热和切削力都集中在主切削刃和刀尖附近，刀具容易磨损，并容易产生振动，影响表面质量。

B.单元切屑

切削塑性材料时，若整个剪切面上的切应力超过了材料的断裂强度，所产生的裂纹贯穿切削端面时，切屑被挤压呈粒状，如图 1.10（b）所示。

C.挤裂切屑

底面有裂纹,顶面呈锯齿形。在采用较低的切削速度和较大的进给量粗加工中等硬度的钢材时,容易得到节状切屑,如图1.10(c)所示。形成这种切屑时,切削过程不够平稳,已加工表面粗糙度值大。形成此种切屑,金属材料经过弹性变形、塑性变形、挤裂和切离等阶段,是典型的切削过程。

D.带状切屑

这种切屑呈连续的带状或螺旋状,底面光滑,无明显裂痕,顶面呈毛绒状。在用大前角的刀具、较高的切削速度和较小的进给量切削塑性材料时,容易得到带状切屑,如图1.10(d)所示。形成带状切屑时,切削力较平稳,加工表面较光沽,但切屑连续不断,不太安全或可能刮伤已加工表面,因此要采取断屑措施。

由于切削力波动较大,工件表面较粗糙,切屑的形状可随切削条件的不同而改变。在生产中,常根据具体情况采取不同的措施来得到需要的切屑,以保证切削加工的顺利进行。

2)积屑瘤

在一定范围的切削速度下加工塑性材料时,常在刀具前刀面靠近切削刃的部位黏附着一小块剖面呈三角形很硬的金属块,这就是积屑瘤,或称刀瘤,如图1.11所示。

①积屑瘤的形成

当切屑沿刀具的前刀面流出时,在一定的温度与压力作用下,与前刀面接触的切屑底层受到很大的摩擦阻力,致使这一层金属的流出速度减

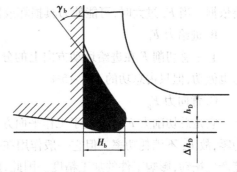

图1.11　积屑瘤

慢,形成一层很薄的"精流层"。当前刀面对滞流层的摩擦阻力超过切屑材料的内部结合力时,就会有一部分金属站附在切削刃附近,形成积屑瘤。积屑瘤形成后不断长大,达到一定高度又会破裂,而被切屑带走或附在工件表面上。

②积屑瘤对切削加工的影响

在形成积屑瘤的过程中,金属材料因塑性变形而被强化。因此,积屑瘤的硬度比工件材料的硬度高,稳定时能保护切削刃,代替切削。但由于积屑瘤形状不稳定,对精加工不利,破裂时可加剧刀具磨损。因此,粗加工时希望产生积屑瘤,精加工时应尽量避免积屑瘤产生。

3)切削力和切削功率

①切削力

刀具在切削工件时,必须克服材料的变形抗力,克服刀具与工件及刀具与切屑之间的摩擦力,才能切下切屑,这些抗力构成了实际的切削力。

在切削过程中,切削力使工艺系统(机床—工件—刀具)变形,影响加工精度。切削力还直接影响切削热的产生,并进一步影响刀具磨损和已加工表面质量。切削力又是设计和使用机床、刀具、夹具的重要依据。

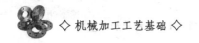

以车削外圆为例,总切削力 F 一般常分解为以下 3 个互相垂直的分力(见图 1.12):

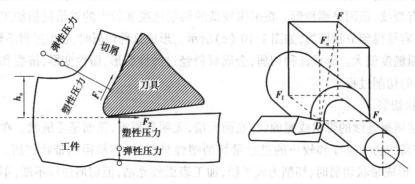

图 1.12　切削力

A. 主切削力 F_c

它是总切削力 F 在主运动方向上的分力,大小占总切削力的 80%～90%。F_c 消耗的功率最多,占总功率的 90% 以上,是计算机床动力、主传动系统零件和刀具强度及刚度的主要依据。当 F_c 过大时,可能使刀具损坏或使机床发生"闷车"现象。

B. 进给力 F_f

它是总切削 F 在进给运动方向上的分力,是设计和校验进给机构所必需的数据。进给力也做功,但只占总功的 1%～5%。

C. 背向力 F_p

它是总切削力 F 在垂直于工作平面方向上的分力。因为切削时这个方向上的运动速度为零,故 F_p 不消耗功率。但它一般作用在工件刚度较弱的方向上,容易使工件变形,甚至可能产生振动,影响工件的加工精度。因此,应当设法减小或消除 F_p 的影响。总切削力 F 与 3 个切削分力的关系为

$$F^2 = F_c^2 + F_f^2 + F_p^2$$

②切削功率切削功率 P

它是 3 个切削分力消耗功率的总和,但背向力 F_p 消耗的功率为零,进给力 F_f 消耗的功率很小,一般可忽略不计。因此,切削功率 P 可计算为

$$P = 0.001 F_c v_c$$

式中　F_c——切削力,N;

　　　v_c——切削速度,m/min。

机床电机的功率 P_E 可计算为

$$P_E = P/\eta$$

式中　η——机床传动效率,一般取 0.75～0.85。

4)切削热和切削温度

①切削热

在切削过程中,由于绝大部分的切削功都转变成热量,因此,有大量的热产生,这些热称为切削热。切削热的主要来源有以下 3 个(见图 1.13):

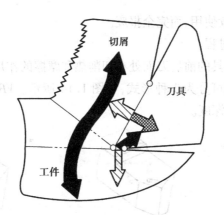

图 1.13 切削热的产生和传导

a. 切屑变形所产生的热量,是切削热的主要来源。

b. 切屑与刀具前刀面之间的摩擦所产生的热量。

c. 工件与刀具后刀面之间的摩擦所产生的热量。

随着刀具材料、工件材料、切削条件的不同,3 个热源的发热量也不相同。切削热产生以后,由切屑、工件、刀具及周围的介质传出(见图 1.13)。各部分传出的比例取决于工件材料、切削速度、刀具材料及刀具几何形状等。传入刀具的热量虽不是很多,但由于刀具切削部分体积很小,因此,刀具的温度可达到很高(高速切削时可达到 1 000 ℃以上)。温度升高后,会加速刀具的磨损。传入工件的热,可能使工件变形,产生形状和尺寸误差。在切削加工中,如何设法减少切削热的产生、改善散热条件以及减少高温对刀具和工件的不良影响,有着重大的意义。

②切削温度

切削温度一般是指切削区的平均温度。切削温度的高低取决于切削热的产生和传出情况,它受切削用量、工件材料、刀具材料及几何形状等因素的影响。切削要素变化对切削温度的影响,切削速度最大,进给量次之,背吃刀量切削最小。速度增加时,单位时间产生的切削热随之增加,对温度的影响最大。进给量和背吃刀量增加时,切削力增大,摩擦也大,因此切削热会增加。但是,在切削面积相同的条件下,增加进给量与增加背吃刀量相比,后者可使切削温度低些。

工件材料的强度及硬度越高,切削中消耗的功越大,产生的切削热越多。切钢时发热多,切铸铁时发热少,因为钢在切削时产生塑性变形所消耗的功大。

导热性好的工件材料和刀具材料,可降低切削温度。主偏角减小时,切削刃参加切削的长度增加,传热条件好,可降低切削温度。前角的大小直接影响切削过程中的变形和摩擦,前角大时,产生的切削热少,切削温度低。但当前角过大时,会使刀具的传热条件变差,反而不利于切削温度的降低。

5)刀具磨损和刀具耐用度

刀具使用一段时间后,它的切削刃变钝,以致无法再使用。对于可重磨刀具,经过重新刃磨以后,切削刃恢复锋利,仍可继续使用。这样经过使用磨钝刃磨锋利若干个循环以后,

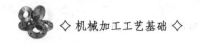

刀具的切削部分便无法继续使用,而完全报废。

①刀具磨损的形式与过程

在切削过程中,由于刀具的前后刀面处在切削热和摩擦的作用下,会产生磨损。正常磨损时,按其发生的部位不同可分为 3 种形式,如图 1.14 所示。VB 为主后刀面磨损的高度,KT 为前刀面磨损的月牙洼深度。

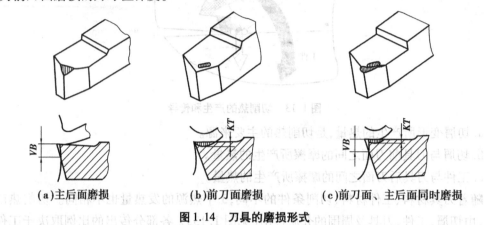

(a)主后面磨损   (b)前刀面磨损   (c)前刀面、主后面同时磨损

图 1.14　刀具的磨损形式

刀具的磨损过程如图 1.14 所示。它可分为以下 3 个阶段:

a.第一阶段(AB 段)称为初期磨损阶段;

b.第二阶段(BC 段)称为正常磨损阶段;

c.第三阶段(CD 段)称为急剧磨损阶段。

经验表明,在刀具正常磨损阶段的后期、急剧磨损阶段之前,换刀重磨为最好。这样既可保证加工质量,又能充分利用刀具材料。

影响刀具磨损的因素主要有工件材料的力学性能、切削用量、刀具材料的性能、刀具几何角度、切削液等。增大切削用量时切削温度随之增高,将加速刀具磨损;耐热性好的刀具材料,就不易磨损;适当加大刀具前角,由于减小了切削力,可减少刀具的磨损。

②刀具耐用度

刃磨后的刀具自开始切削直到磨损量达到磨钝标准所经历的实际切削时间,称为刀具耐用度,以 T 表示,以分钟计。刀具寿命是指刀具从开始切削到完全报废,实际切削时间的总和。

刀具耐用度反映了刀具磨损的快慢程度。影响切削温度和刀具磨损的因素都同样影响刀具耐用度。

(4)切削用量的合理选择

综合切削用量三要素对刀具耐用度、生产率和加工质量的影响,选择切削用量的顺序应为:首先选尽可能大的背吃刀量 α_p,其次选尽可能大的进给量 f,最后选尽可能大的切削速度 v_c。

粗加工时,为了尽快切除加工余量,尽可能选取较大的背吃刀量,然后根据加工条件选取尽可能大的进给量。最后按对刀具耐用度的要求,选取合适的切削用量。

精加工的目的是保证加工精度。为保证表面质量,高速钢刀具的耐热性差,多采用较低的切削速度;硬质合金刀具可采用较高的切削速度。切削速度确定后,从加工精度出发,应选用较小的进给量和背吃刀量。实际生产中,可利用《金属切削手册》等资料查出具体的切削用量的数值。

(5)切削液的选用

1)切削液的作用

切削液主要通过冷却和润滑作用来改善切削过程。它一方面吸收并带走大量切削热,起到冷却作用;另一方面它能渗入刀具与工件和切屑的接触表面,形成润滑膜,有效地减小摩擦。因此,合理地选用切削液可降低切削力和切削温度,提高刀具耐用度和零件的加工质量。

2)常用切削液的种类与选用

①水溶液

水溶液的主要成分是水,其中加入少量的防锈剂、润滑剂和清洗剂。水溶液的冷却效果良好,多用于普通磨削和粗加工中。

②乳化液

它是将乳化油用水稀释而成,用途广泛。高浓度的乳化液润滑效果好,主要用于精加工。低浓度的乳化液冷却效果好,主要用于普通磨削、粗加工等。

③切削油

切削油的主要成分是矿物油,少数采用动植物油或复合油。精加工铸铁或有色金属时,可选用煤油。普通车削,可选用机油。加工螺纹时,可选用植物油。在矿物油中加入一定量的添加剂,以提高其高温高压下的润滑性能,可用于铰孔、攻螺纹、精铣及齿轮加工等。

1.2.4 金属切削机床基础知识

机床的类型各异,规格繁多,以适应各种加工的需要,为便于区别、管理和选用机床,必须熟悉机床的分类、技术规格和型号。

(1)机床分类

机床的种类很多,若按其使用上的适应性来分类,可分为通用机床、专门化机床和专用机床;若按其精度来分类,可分为普通机床、精密机床和高精度机床;若按其自动化程度来分类,可分为一般机床、半自动机床和自动机床;若按其质量来分类,可分为一般机床、大型机床和重型机床。

按机床的加工性质和所用刀具进行分类是最基本的机床分类方法。按照 JB 1838—1985 规定,机床分为 12 类,即车床、钻床、镗床、磨床、齿轮加工机床、螺纹加工机床、刨插床、拉床、铣床、电加工机床、切断机床及其他机床。

(2)机床编号

金属切削机床的品牌和规格繁多,为了便于区别、使用和管理,需对机床加以分类和编号。我国的机床编号统一采用《金属切削机床型号编制方法》(JB 1838—85),即采用汉语拼音字母和阿拉伯数字按一定规律进行组合。

1)机床的类别代号

机床型号的第一个字母为机床类别代号。按加工性质和所用刀具的不同,我国机床分为 12 大类,采用汉语拼音的第一个字母表示,见表 1.4。

表 1.4　普通机床的类别代号

类别	车床	钻床	镗床	磨床			齿轮加工机床	螺纹加工机床	铣床	刨插床	拉床	特种加工机床	锯床	其他车床
代号	C	Z	T	M	2M	3M	Y	S	X	B	L	D	G	Q
读音	车	钻	镗	磨	磨	磨	牙	丝	铣	刨	拉	电	割	其

2)机床的通用特性代号

它排在机床类别代号后面,表示机床的某些特殊性能,也是采用汉语拼音的第一字母大写来表示。如果是普通型,则只是类别代号而无此项代号,见表 1.5。

表 1.5　机床的通用特性代号

通用特性	高精度	精密	自动	半自动	数控	加工中心（自动换刀）	仿形	轻型	加重型	简式
代号	G	M	Z	B	K	H	F	Q	C	J
读音	高	密	自	半	控	换	仿	轻	重	简

3)机床的组别和系列代号

在类别和特性代号之后,第一位阿拉伯数字代表组别,第二位阿拉伯数字代表系列。每类机床按其用途、性能、结构相近或派生关系分为若干组,每组中又分为若干系。

4)机床主要参数的代号

在组别和系列代号之后,它用主要参数的折算值表示。折算值等于主要参数乘以折算系数,折算系数有 1/100,1/10,1/1 等。

5)机床重大改进序号

当机床的性能及结构有重大改进时,按其设计改进的次序分别用大写英文字母"A""B""C""D"等表示,附在机床型号的末尾,以示区别。

例如,M1432A,其中,M——机床类代号,磨床;A——机床结构代号,无通用含义;14——机床组别代号,万能外圆磨床;32——磨床的主参数,最大磨削直径 320 mm。

任务 1.3 加工阶梯轴

1.3.1 阶梯轴零件的加工工艺分析

如图 1.1 所示阶梯轴主要加工面为 $\phi 50$ 和 $\phi 30$ 两圆柱表面,表面粗糙度 $R_a 12.5\ \mu m$,一般车削加工即能达到设计要求。

1.3.2 阶梯轴零件加工过程及加工方法

(1)零件加工过程

阶梯轴零件加工过程如下:

①下料,用锯床切下 $\phi 53\ mm \times 83\ mm$ 的圆钢。

②车,车端面,车 $\phi 50 \times 30$ 台阶,倒角 C2。

③调头、车端面取总长 80,车削 $\phi 30 \times 50$,切槽 $4 \times \phi 26$;倒角 C2。

(2)零件加工操作过程

1)开车前的准备工作

①准备工件材料 $\phi 52\ mm \times 83\ mm$。

②准备工、刃、量、辅具。

③将工具合理摆放,检查车床运转是否正常。

2)车端面

①件伸出 50 mm 左右,找正、夹紧

用三爪自定心卡盘装夹工件(见图 1.15)。由于三爪自定心卡盘具有自动定心和工件沿轴向可移动的特点,外圆车削的工件如棒料或圆盘状中小型零件多采用此装夹方式。当三爪向中心移动时,能够同时向主轴中心线聚拢,安装精度可达 0.05 ~ 0.15 mm。

②安装车刀

车刀必须正确牢固地安装在刀架上,否则很容易飞出伤人,如图 1.16 所示。

安装车刀方法及注意事项如下:

a.刀头不宜伸出太长,否则切削时容易产生振动,影响工件加工精度和表面粗糙度。一般刀头伸出长度不超过刀杆厚度的 2 倍,能看见刀尖车削即可。

b.刀头应与车床主轴中心线等高。车刀装得太高,后角减小,后刀面与工件加剧摩擦;装得太低,前角减少,切削不顺利,会使刀尖崩碎。刀尖的高低,可根据尾架顶尖高低来对正。车刀的安装如图 1.16(a)所示。

c.车刀底面的垫片要平整,并尽可能用厚垫片,以减少垫片数量。调整好刀尖高低后,

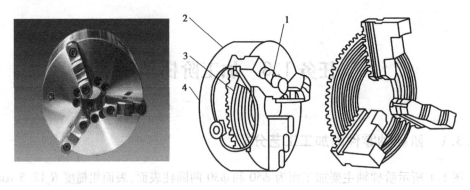

图 1.15 三爪自定心卡盘

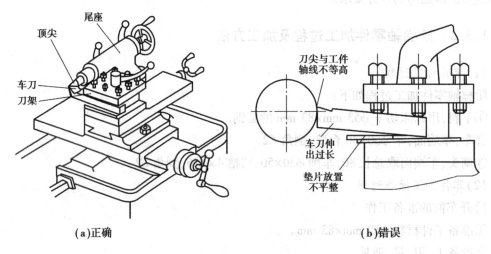

(a)正确   (b)错误

图 1.16 车刀安装图

至少要用两个螺钉交替将车刀拧紧。

③车端面

对于工件的端面进行车削的方法称为车端面。车端面通常用90°偏刀和45°弯头车刀。对于既车外圆又车端面的场合,常使用弯头车刀和偏刀来车削端面。常用端面车削时的4种情况如图1.17所示。

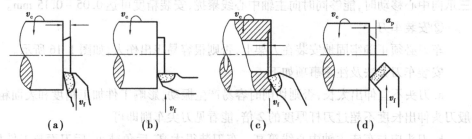

(a)   (b)   (c)   (d)

图 1.17 车端面图

a.用90°偏刀车端面。车刀安装时,应使主偏角大于90°,以保证车出的端面与工件轴线相垂直。如果采用右偏刀由外圆向中心进给车端面(见图1.17(a)),副切削刃变为主切削刃,切削不顺利,当背吃刀量比较大时,刀尖扎入端面,使车出的端面成凹面。要克服这个缺点,可采用左偏刀由外圆向中心进给车端面(见图 1.17(b)),这时用主切削刃切削,切削力与轴线垂直,故不会产生凹面,而且能得到较高的加工质量。

b.用 45°车刀车端面。45°车刀是利用主切刃进行切削的(见图 1.17(d)),工件表面粗糙度值较小。车刀的刀尖角 $\varepsilon_r = 90°$,刀头强度比偏刀高,适用于车削较大的平面,并能车削外圆和倒角。对于带有内孔的零件,车端面时刀具可采用如图 1.17(c)的方法。

车端面时应注意以下 5 点。

a.安装工件时,要对其外圆及端面找正。

b.刀的刀尖应严格对准工件中心,以免车出的端面中心留有凸台。

c.偏刀车端面,当背吃刀量较大时,容易扎刀,背吃刀量 a_p 的选择:粗车时 $a_p = 0.2 \sim 1$ mm;精车时 $a_p = 0.05 \sim 0.2$ mm。

d.端面的直径从外到中心是变化的,切削速度也在改变,因此要适当地调整转速。

e.车直径较大的端面,若出现凹心或凸肚时,应检查车刀和方刀架以及大托板是否锁紧。

车端面的质量分析如下:

a.端面不平,产生凹凸现象或端面中心留"小头"。原因是车刀刃磨或安装不正确,刀尖没有对准工件中心,吃刀深度过大,车床有间隙,托板移动造成。

b.表面粗糙度差。原因是车刀不锋利,手动走刀摇动不均匀或太快,自动走刀切削用量选择不当。

3)车削 φ50 mm×30 mm 外圆柱面,倒角 C2

①粗车外圆 φ50 mm×30 mm 至 φ51 mm×30 mm。外圆直径尺寸的控制方法可采用试切和中滑板上的刻度盘。试切的方法和步骤如图 1.18 所示。

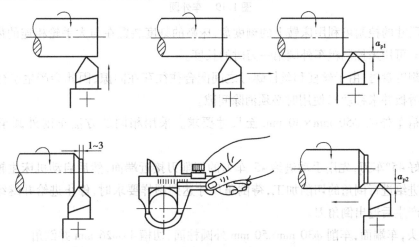

图 1.18　试切的方法和步骤

a.开车对接触点。

b.沿进给反方向退刀。

c. 准确加切深。

d. 削工件,长度为 2 mm。

e. 沿进给反向退刀,停车。

f. 认真度量工件尺寸 2~3 遍。

g. 度量后如尺寸符合要求,则可开车进行切削;如不符合要求,应重复 a—f 步骤。应注意:各次所进给的切深,均应小于各次直径余量的 1/2。

摇动或自动进给作纵向移动车削外圆,如图 1.19 所示。依次进给车削完毕,横向退出车刀,再纵向移动床鞍至工件右端进行下一次车削。

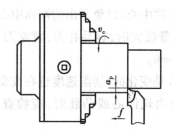

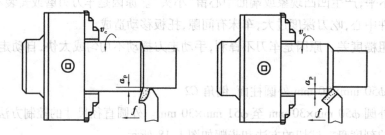

图 1.19 车外圆

长度尺寸的控制可利用床鞍上的刻度盘,床鞍的刻度装置在与大手轮相连的齿轮上,一般为 1 mm,可用来控制粗车外圆第一刀时的长度。

使用刻度盘时,由于丝杠和丝杠螺母之间配合往往存在间隙,因此会产生空行程(刻度盘转动而滑板并未移动),使用时必须消除间隙。

②半精车外圆 ϕ50 mm×30 mm 至尺寸要求。采用相同的方法车削外圆至 ϕ50 mm ×30 mm。

③装好 45°车刀,先用手动进给 45°车刀的切削刃接近端面,然后启动机床主轴旋转,用手动微量进给进行倒角的切削加工,待倒角尺寸达到图样要求时,停止进给并继续切削,直至无切削产生后退出倒角刀。

4)掉头,车端面,车削 ϕ30 mm×50 mm 外圆柱面,切槽 4×ϕ26 mm 并倒角

①掉头夹 ϕ30 外圆柱面,车端面,保证 ϕ30 mm 圆柱面长 50 mm。

②利用以上相同的方法(试切和中滑板)控制外圆外径尺寸至 ϕ30 mm,一次车削 ϕ30 mm×50 mm 至要求。

③切槽 4×ϕ26 mm。切槽使用切槽刀。切槽和车端面很相似。切槽刀如同右偏刀和左偏刀并一起同时车左、右两个端面。

切削 5 mm 以下的槽，可以主切刃和槽等宽，一次切出。切削宽槽时可按如图 1.20 所示的方法切削。末一次精车的顺序如图 1.20(c)所示的 1,2,3。

④倒角 *C*2。

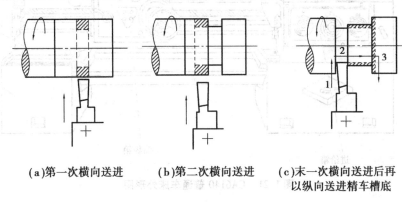

(a)第一次横向送进　　(b)第二次横向送进　　(c)末一次横向送进后再
以纵向送进精车槽底

图 1.20　切宽槽

1.3.3　车床及车削加工特点

(1)车床的组成

车床的种类很多，如卧式车床(普通车床)、仪表车床、单轴自动车床、立式多轴半自动车床、转塔车床(六角车床)、仿形车床、卡盘车床和立式车床、数控车床等。其中，应用范围最广的是卧式车床(普通车床)。它一般由床身、主轴箱、变速箱、进给箱、溜板箱、刀架及尾座等主要部分组成。如图 1.21 所示为 CA6140 型普通车床外形图。

1)床身

车床床身是基础零件，用来安装车床各部件，并保证各部件之间准确的相对位置。床身上面有保证刀架正确移动的三角导轨和供尾座正确移动的平导轨。

2)主轴箱

支承主轴且内装部分主轴变速机构，将由变速箱传来的 6 种转速变为主轴的 12 种转速。主轴为空心结构，可穿入圆棒料，主轴前端的内圆锥面用来安装顶尖，外圆锥面用来安装卡盘等附件。主轴再经过齿轮带动交换齿轮，将运动传给进给箱。

3)进给箱

进给箱是传递进给运动并改变进给速度的变速机构。它将主轴的旋转运动经过交换齿轮架上的齿轮传给光杆或丝杠。进给箱内有多组齿轮变速机构，通过手柄改变变速齿轮的位置，可使光杆和丝杠获得不同的转速，以得到加工所需的进给量或螺距。

4)变速箱

主轴的变速主要由变速箱完成。变速箱内有变速齿轮，通过改变变速手柄的位置来改变主轴转速。

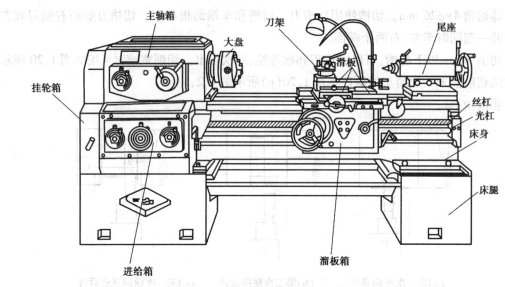

图 1.21　CA6140 普通车床外形图

5）溜板箱

溜板箱与床鞍和刀架连接,将光杆的转动转变为车刀的纵向或横向移动,通过"开合螺母"将丝杠的转动转变为车刀的纵向移动,用以车螺纹。

6）刀架

刀架用来夹持车刀,使其作横向、纵向或斜向进给。刀架由以下 5 个部分组成:

①床鞍

与板箱连接,可带动车刀沿床身导轨作纵向移动。

②中滑板

带动车刀沿床鞍上的导轨作横向移动。

③转盘

与中滑板用螺栓紧固。松开螺母,可在水平面内板转任意角度。

④小滑板

可沿转盘上面的导轨作短距离的移动。将转盘板转一定角度后,小滑板可带动车刀作斜向移动。

⑤方刀架

固定于小滑板上,装夹刀具,最多可装 4 把车刀。松开锁紧手柄可转动以选用所需的车刀。

7）尾座

尾座安装于床身导轨上并可沿导轨移动。在尾座的套筒内可安装顶尖用以支承工件或安装钻头、扩孔钻、铰刀、丝锥等刀具,用于钻孔、扩孔、铰孔、攻螺纹。

车床除以上主要组成部分,还有动力源、液压冷却和润滑系统以及照明系统等。

（2）工件在车床上的安装

工件的安装方式需要根据工件的形状和尺寸而定,常用的安装方法如下:

1)卡盘或花盘安装

用于长径比小于4的轴类工件。其中,三爪自定心卡盘用于圆形和六角形工件及棒料,能自动定心,方便安装;四爪单动卡盘用于加工毛坯或方形、椭圆形等不规则的工件,夹紧力大;花盘用于形状不规则无法用卡盘装夹的工件,如支架类工件。安装时,用角铁和螺钉等夹持在花盘上。

2)使用顶尖安装

用于长径比大于4的轴类工件,可采用一架一顶或两顶尖。用顶尖安装时,工件的端面需先用中心钻钻出中心孔。对于长径比大于10的细长轴类工件,为增加工件刚性,还需使用中心架或跟刀架。

(3)车床的加工范围及常用车刀

1)车床的加工范围

车床上能加工出各种回转表面、回转体的端面、内外螺纹面等。加工范围如图1.22所示。

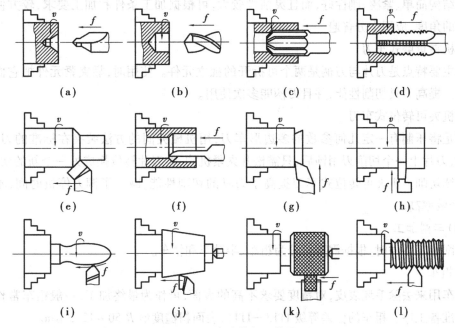

(a)　　　　(b)　　　　(c)　　　　(d)

(e)　　　　(f)　　　　(g)　　　　(h)

(i)　　　　(j)　　　　(k)　　　　(l)

图1.22　车床的加工范围

2)常用车刀

车刀按用途分类,如图1.23所示。切断刀用于切槽和切断工件(见图1.23的1);偏刀用于车削外圆台阶和端面(见图1.23的2,3);弯头车刀用于车削外圆端面和倒角(见图1.23的4,9);直头外圆车刀用于车削工件外圆,外圆倒角(见图1.23的5);成形车刀用于加工工件的成型回转面(见图1.23的6);螺纹车刀用于车螺纹(见图1.23的8);镗孔刀用于加工内孔及内螺纹(见图1.23的10,11,12,13)。

车刀按切削部分材料分类,可分为高速钢车刀和硬质合金车刀。

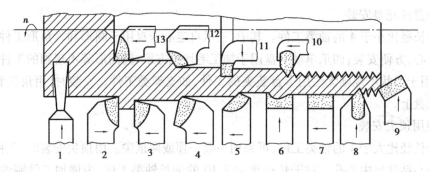

图 1.23　常用车刀的种类及用途

车刀按结构形式,可分为以下 4 类:

①整体式车刀

它仅用于高速钢刀具。

②焊接式车刀

其结构简单、紧凑、刚性好,而且灵活性较大,可根据加工条件和加工要求,较方便地磨出所需的角度,应用十分普遍。

③机夹重磨式车刀

其主要特点是刀片与刀柄是两个可拆开的独立元件。使用时,靠夹紧元件把它们紧固在一起。提高刀具切削性能,并且刀柄能多次使用。

④机夹可转位式车刀

其是将压制有一定几何参数的多边形车刀,用机械夹固的方法装夹在标准的刀体上。使用时,刀片上一个切削刃用钝后,只需松开夹紧机构,将刀片转位换成另一个新的切削刃,便可继续切削。机夹可转位式车刀提高了刀具的切削性能,减少了调刀停机时间,不需重磨,生产效率高。

(4)车削加工

车削加工零件时,根据需要可分为粗车、半精车和精车。

1)粗车

粗车用来去除毛坯表皮,对精度要求不高的表面,可作为最终加工,一般粗车常作为精加工的准备工序。粗车的公差等级 IT13—IT11,表面粗糙度值 R_a50 ~ 12.5 μm。

粗车时,背吃刀量 a_p 为 3 ~ 12 mm,为提高生产率 a_p 可等于单边车削余量。进给量 f 的常用范围为 0.3 ~ 1 mm/r。车中碳钢时,切削速度 v 取 50 ~ 70 mm/min,车铸铁时,切削速度取 20 ~ 50 mm/min。

2)精车

精车是使零件达到图样规定的精度和表面粗糙度要求,半精车则作为粗车和精车之间的过渡。半精车的公差等级 IT10—IT9,表面粗糙度值 R_a6.3 ~ 3.2 μm。精车公差等级 IT8—IT7,表面粗糙度值 R_a1.6 ~ 0.8 μm。

一般半精车 a_p 取 1 ~ 2 mm,f 取 0.2 ~ 0.5 mm/r;精车 a_p 取 0.05 ~ 0.8 mm,f 取 0.1 ~

0.3 mm/r。在选择切削速度时,精车有高速精车和低速精车。高速精车是采用硬质合金车刀在 $v \geqslant 100$ mm/min 下进行的精车,低速精车主要采用高速钢宽刃车刀在 $v = 2 \sim 12$ mm/min下进行的精车。

(5)车削加工的工艺特点

1)易于保证各加工表面的位置精度

对于轴套或盘类零件,在一次装夹中车出各外圆面、内圆面和端面,可保证各轴段外圆的同轴度、端面与轴线的垂直度、各端面之间的平行度及外圆面与孔的同轴度等精度。

2)适用于有色金属零件的精加工

当有色金属的轴类零件要求较高的精度和较小的表面粗糙度时,因材质软易堵塞砂轮,不宜采用磨削,可用金刚石车刀精细车,精密度可达 IT6—IT5,表面粗糙度值 $R_a = 0.4 \sim 2.2$ μm。

3)生产率高

因切削过程连续进行,且切削面积和切削力基本不变,车削过程平稳,因此可采用较大的切削用量,使生产效率大幅提高。

4)生产成本低

因车刀结构简单,制造、刃磨和安装方便,且易于选择合理的角度,有利于提高加工质量和生产率;车床附件较多,能满足一般零件的装夹,生产准备时间短。因此,车削加工生产成本低,不但适宜小批生产,也适宜大批大量生产。

任务 1.4　阶梯轴零件的检测

1.4.1　游标卡尺的使用

(1)游标卡尺的结构

游标卡尺是由主尺和副尺(也称游标)组成,游标卡尺的测量精度是利用主尺与副尺刻线间距离的差值来确定的。如图 1.24 所示,主尺上的刻线每小格为 1 mm,副尺刻线总长度为 49 mm,并分为 50 格。因此,副尺每格为 0.98 mm,主尺与副尺之差为 0.02 mm,即测量精度为 0.02 mm。

(2)游标卡尺的使用方法

用游标卡尺测量时读数分为以下 3 个步骤(见图 1.25):

1)读整数

读出副尺零线以左的主尺上最大整数(毫米数)。

2)读小数

根据副尺零线以右且与主尺上刻线对准的刻线数,乘以 0.02 读出小数。

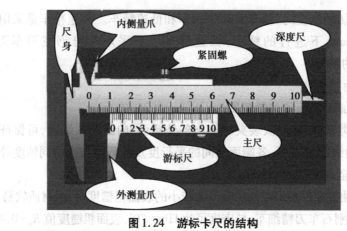

图1.24　游标卡尺的结构

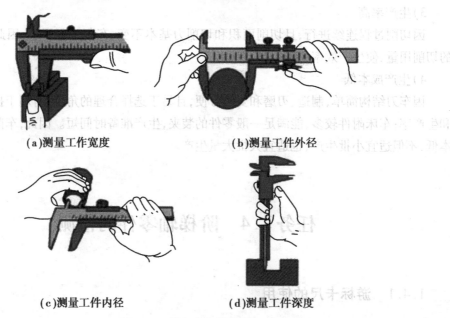

(a)测量工作宽度　　　　　　　(b)测量工件外径

(c)测量工件内径　　　　　　　(d)测量工件深度

图1.25　游标卡尺的使用

3)总尺寸

将整数与小数相加,即为总尺寸。

游标卡尺可直接测量出工件的外径、内径、宽度及深度等。游标卡尺的测量范围有0~125 mm,0~200 mm 等,测量精度有0.1,0.05,0.02 mm 这3种。游标卡尺还有其他一些类型,如深度游标卡尺和高度游标卡尺分别用来测量孔、槽的深度和测量工件的高度,也可用来作为精密划线工具。

(3)使用注意事项

①使用前应将测量面擦干净,检查两测量爪不能存在显著的间隙,并校对零位。

②移动游标卡时力量要适度,测量力不宜过大。

③注意防止温度对测量精度的影响,特别是测量器具与被测件不等温产生的测量误差。

④读数时,其视线要与标尺刻线方向一致,以免造成视差。

1.4.2 用表面粗糙度样板检验表面粗糙度

检验表面粗糙度的方法主要有标准样板比较法（不同的加工法有不同的标准样板）、显微镜测量计算法等。在实际生产中，最常用的检测方法是标准比较法。组合式表面粗糙度比较样板，如图 1.26 所示。比较法是将被测表面对照表面粗糙度样板，用肉眼判断或借助于放大镜、比较显微镜进行比较，也可用手摸、指甲划动的感觉来判断表面粗糙度。选择表面粗糙度样板时，样板材料、表面形状及制造工艺应尽可能与被测工件相同。

图 1.26　组合式表面粗糙度样板

1.4.3　车刀几何角度的测量

（1）回转工作台式量角仪的结构

如图 1.27 所示，回转工件台式量角仪主要由底盘、平台、立柱、测量片及扇形盘等组成。底盘为圆盘形，在零度线左右方向各有 100°，用于测量车刀的主偏角和副偏角，通过底盘指针读出角度值；平台可绕底盘中心在零刻线左右 100° 范围内转动；定位块可在平台上平行滑动，作为车刀的基准；测量片由主平面（大平面）、底平面、侧平面 3 个成正交的平面组成，如图 1.28 所示。在测量过程中，根据不同的情况可分别用以代表剖面、基面、切削面等。大扇形刻度盘上有正负 45° 的刻度，用于测量前角、后角、刃倾角，通过测量片的指针指出角度值；立柱上制有螺纹，旋转升降螺母就可调整测量片相对车刀的位置。

（2）测量步骤

1）测量前的调整

调整量角仪使平台、大扇形刻度盘和小扇形刻度盘指针全部指零，使定位块侧面与测量片的大平面垂直：

①主平面垂直于平台平面，且垂直于平台对称线。

②底平面平行于平台平面。

③侧平面垂直于平台平面，且平行于平面对称线。

2）测量前的准备

把车刀侧面紧靠在定位块的侧面上，使车刀和定位块一起在平台平面上平行移动，并且

图 1.27　量角仪

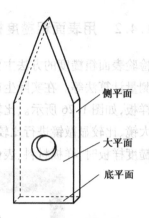

图 1.28　测量片

可使车刀在定位块的侧面上滑动,这样就形成了一个平面坐标,可使车刀置于一个比较理想的位置。

3)测量车刀的主(副)偏角

测量方法是:顺(逆)时针旋转平台,使主刀刃与主平面贴合。如图 1.29 所示,即主(副)刀刃在基面的投影与走刀方向重合,平台在底盘上所旋转的角度,即底盘指针在底盘刻度上所指的刻度值为主(副)偏角 $\kappa_r(\kappa'_r)$ 的角度值。

4)测量车刀刀刃倾角(λ_s)

旋转测量片,即旋转底平面(基面)使其与主刀刃重合。如图 1.30(a)所示,测量片指针所指刻度值为刃倾角。

5)测量车刀主剖面内的前角 γ_o 和后角 α_o。

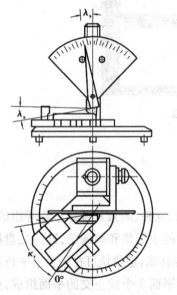

图 1.29　测量车刀主偏角图

在测量主副偏角时,主刀刃在基面的投影与主平面重合(平行),如果使主刀刃在基面的投影相对于主平面旋转90°,则主刀刃在基面的投影与主平面垂直,即可把主平面看作主剖面。当测量片指针指零时,底平面作为基面,侧平面作为主切削面,这样就形成了在主剖面内基面与前刀面的夹角,即前角 γ_o:主切削平面与后刀面的夹角,即后角 α_o,如图 1.30(b)所示。

测量方法是:使底平面旋转与前刀面重合,如图 1.31(a)所示的测量片指针所指刻度值为前角;使侧平面(即主切削平面)旋转与后刀面重合,如图 1.42(b)所示,测量片指针所指刻度值为后角。

6)测量副后角

副后角的测量与主后角的测量方法相近,所不同的是需把主平面作为副剖面。

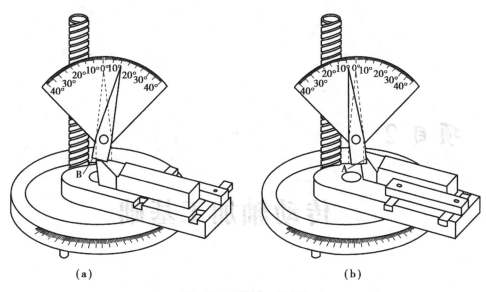

（a）　　　　　　　　　　（b）

图 1.30　测量车刀刃倾角

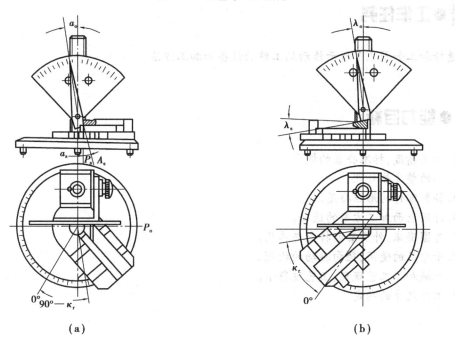

（a）　　　　　　　　　　（b）

图 1.31　测量车刀主剖面内的前角和后角

项目 2

传动轴加工基础

● 工作任务

选择加工如图2.1所示传动轴工件的设备和加工方法。

● 能力目标

1. 加工精度、标准公差的概念。
2. 钢的整体热处理。
3. 轴类零件的形位公差。
4. 外圆表面加工方案的选择。
5. 外圆磨床,外圆磨削特点与选用。
6. 千分尺的使用,径向跳动的检测。
7. 机械加工工艺规程,工艺过程卡。
8. 工序尺寸的确定。

任务 2.1 识读传动轴零件图

2.1.1 传动轴零件的结构

如图2.1所示的零件是减速器中的传动轴。它属于台阶轴类零件,由圆柱面、轴肩、砂轮越程槽及键槽等组成。

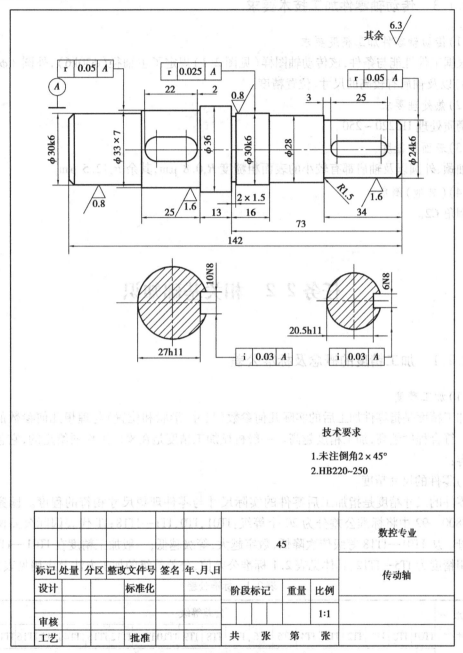

技术要求

1.未注倒角2×45°
2.HB220~250

标记	处量	分区	整改文件号	签名	年、月、日		45			数控专业
设计			标准化							传动轴
审核						阶段标记	重量	比例		
工艺			批准					1:1		
						共 张	第	张		

图 2.1 传动轴

2.1.2 传动轴零件材料

由如图 2.1 所示的工件图可知,该工件的材料为 45 钢。

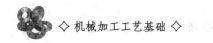

2.1.3 传动轴零件加工技术要求

(1)传动轴零件加工精度要求

根据工件性能与条件,该传动轴图样(见图2.1)规定了主轴径(ϕ30k6),外圆(ϕ32k7,ϕ24k6)以及轴肩有较高的尺寸、位置精度。

(2)热处理要求

调质处理 HB220~250。

(3)表面粗糙度

轴颈、外圆以及轴肩都有较小的表面粗糙度 R_a0.8 μm,其余 R_a12.5 μm。

(4)(其他)倒角

倒角 C2。

任务 2.2　相关基础知识

2.2.1 加工精度的概念及标准公差

(1)加工精度

加工精度是指零件加工后的实际几何参数(尺寸、形状和位置)与理想几何参数的符合程度。符合程度越高,加工精度越高。一般机械加工精度是在零件工作图给定的,它包括以下内容:

1)零件的尺寸精度

零件的尺寸精度是指加工后零件的实际尺寸与零件理想尺寸相符的程度。国家标准 GB 18800—92 中将标准公差分为 20 个等级:IT01,IT0,IT1—IT18;IT 代表国际公差两词的首字母。从 IT01—IT18 等级依次降低,数字越大,等级越低;一般加工精度在 IT01—IT15,常常应用精度为 IT5—IT12;具体见表2.1标准公差值,公差等级的加工方法及应用见表2.2。

表2.1　标准公差

基本尺寸/ mm	公差等级																			
	IT01	IT0	IT1	IT2	IT3	IT4	IT5	IT6	IT7	IT8	IT9	IT10	IT11	IT12	IT13	IT14	IT15	IT16	IT17	IT18
	μm														mm					
≤3	0.3	0.5	0.8	1.2	2	3	4	6	10	14	25	40	60	100	0.14	0.25	0.40	0.60	1.0	1.4
>3~6	0.4	0.6	1	1.5	2.5	4	5	8	12	18	30	48	75	120	0.18	0.30	0.48	0.75	1.2	1.8
>6~10	0.4	0.6	1	1.5	2.5	4	6	9	15	22	36	58	90	150	0.22	0.36	0.58	0.90	1.5	2.2
>10~18	0.5	0.8	1.2	2	3	5	8	11	18	27	43	70	110	180	0.27	0.43	0.70	1.10	1.8	2.7
>18~30	0.6	1	1.5	2.5	4	6	9	13	21	33	52	84	130	210	0.33	0.52	0.84	1.30	2.1	3.3

续表

基本尺寸/mm	公差等级																			
	IT01	IT0	IT1	IT2	IT3	IT4	IT5	IT6	IT7	IT8	IT9	IT10	IT11	IT12	IT13	IT14	IT15	IT16	IT17	IT18
	μm														mm					
>30~50	0.6	1	1.5	2.5	4	7	11	16	25	39	62	100	160	250	0.39	0.62	1.00	1.60	2.5	3.9
>50~80	0.8	1.2	2	3	5	8	13	19	30	46	74	120	190	300	0.46	0.74	1.20	1.90	3.0	4.6
>80~120	1	1.5	2.5	4	6	10	15	22	35	54	87	140	220	350	0.54	0.87	1.40	2.20	3.5	5.4
>120~180	1.2	2	3.5	5	8	12	18	25	40	63	100	160	250	400	0.63	1.00	1.60	2.50	4.0	6.3
>180~250	2	3	4.5	7	10	14	20	29	46	72	115	185	290	460	0.72	1.15	1.85	2.90	4.6	7.2
>250~315	2.5	4	6	8	12	16	23	32	52	81	130	210	320	520	0.81	1.30	2.10	3.20	5.2	8.1
>315~400	3	5	7	9	13	18	25	36	57	89	140	230	360	570	0.89	1.40	2.30	3.60	5.7	8.9
>400~500	4	6	8	10	15	20	27	40	63	97	155	250	400	630	0.97	1.55	2.50	4.00	6.3	9.7
>500~630	4.5	6	9	11	16	22	30	44	70	110	175	280	440	700	1.10	1.75	2.8	4.4	7.0	11.0
>630~800	5	7	10	13	18	25	35	50	80	125	200	320	500	800	1.25	2.0	3.2	5.0	8.0	12.5
>800~1 000	5.5	8	11	15	21	29	40	56	90	140	230	360	560	900	1.40	2.3	3.6	5.6	9.0	14.0

表 2.2　公差等级的加工方法及应用

加工方法	IT 等级																
	01	0	1	2	3	4	5	6	7	8	9	10	11	12	13	14	15	16
研磨																		
珩																		
内、外圆磨																		
平面磨																		
金刚石车																		
金刚石镗																		
拉削																		
铰孔																		
车																		
镗																		
铣																		
刨插																		
钻孔																		
滚压、挤压																		
冲压																		
压铸																		
粉末冶金成型																		
粉末冶金烧结																		
砂型铸造、气割																		
铸造																		

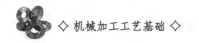
2)零件的形状精度、零件的位置精度

零件的形状精度、零件的位置精度是指加工后零件的实际形状和实际位置与类型形状和类型位置相符的程度。所谓类型形状，即是绝对的圆柱面、平面、锥面等；所谓理想位置，即是绝对的平行、垂直、读出、对称等；具体见形位公差的内容。

（2）标准公差

1）有关尺寸的术语及定义

①尺寸

以特定单位表示线性尺寸的数值称为尺寸。更广泛的是包括角度尺寸的数值。

②基本尺寸

由设计给定的尺寸，称为基本尺寸。它是按产品使用要求，根据零件的强度、刚度等计算或实验、类比等经验而确定，并按标准直径或标准长度圆整后所给的尺寸。是计算偏差的起始尺寸。

③实际尺寸

通过测量获得的某一孔、轴的尺寸，称为实际尺寸。由于测量误差的存在，实际尺寸并非尺寸的真值，同时，由于形位误差等影响，同一零件表面的不同位置、不同方向的实际尺寸也往往是不等的。

④最大实体状态（MMC）和最大实体尺寸（MMS）

在尺寸极限范围内，具体材料量最多时的状态称为最大实体状态。在此状态下的尺寸，称为最大实体尺寸。对于轴和孔来讲，分别是轴的最大极限尺寸 d_{max} 和孔的最大极限尺寸 D_{max}。

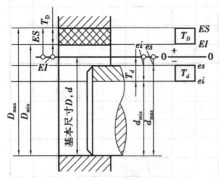

图2.2 尺寸、偏差和公差

2）有关偏差和公差的术语即定义

①尺寸偏差

某一尺寸（实际尺寸、极限尺寸）减其基本尺寸所得的代数差，称为尺寸偏差，简称偏差。

②极限偏差

极限偏差包括上偏差和下偏差。孔的上、下偏差代号用大写字母 ES,EI 表示，轴的上、下偏差代号用小写字母 es,ei 表示，如图2.2所示。

最大极限尺寸减肥其基本尺寸的代数差（ES,es），最小极限尺寸减其基本尺寸的代数差称为下偏差（EI,ei）。

③实际偏差

实际尺寸减其基本尺寸的代数差，称为实际偏差。合格零件的实际偏差应在规定的极限差范围内。由于极限尺寸可以大于、等于或小于基本尺寸，因此，偏差可以为正值、零或负值。偏差值除零外，应标上相应的"+"号或"−"号，极限偏差用于控制实际偏差。

④尺寸公差

最大极限尺寸与最小极限尺寸的代数差,称为尺寸公差(简称公差),也等于上偏差与下偏差的代数差的绝对值。它允许尺寸的变化量,尺寸公差是个没有符号的绝对值,如图 2.2 所示。

孔的公差

$$T_h = |D_{max} - D_{min}| = |ES - EI| \tag{2.1}$$

轴的公差

$$T_s = |d_{max} - d_{min}| = |es - ei| \tag{2.2}$$

例 2.1　基本尺寸为 $\phi50.008$ mm,最小极限尺寸为 $\phi49.992$ mm,试计算偏差和公差。

解　上偏差 = 最大极限尺寸 - 基本尺寸 = 50.008 mm - 50 mm = 0.008 mm

下偏差 = 最大极限尺寸 - 基本尺寸 = 49.992 mm - 50 mm = -0.008 mm

公差 = 最大极限尺寸 - 最小极限尺寸 = 50.008 mm - 49.992 mm = 0.016 mm

公差 = 上偏差 - 下偏差 = 0.008 mm - (-0.008 mm) = 0.016 mm

例 2.2　查表确定 $\phi25f6$ 和 $\phi25K7$ 的极限偏差。

解　查表 2.1 确定标准公差值;IT6 = 13 μm,IT7 = 21 μm,查表确定 $\phi25f6$ 的基准偏差为 $es = -20$ μm

查表确定 $\phi25K7$ 的基本偏差为 $ES = -2 + \Delta, \Delta = 8$

故 $\phi25K7$ 的基本偏差为

$$ES = -2 \text{ mm} + 8 \text{ mm} = +6 \text{ } \mu m$$

求另一极限偏差:

$\phi25f6$ 的下偏差为

$$ei = es - IT6 = -20 \text{ } \mu m - 13 \text{ } \mu m = -33 \text{ } \mu m$$

故得 $\phi25f6$ 的极限偏差表示为 $\phi25_{-0.033}^{-0.020}$;$\phi25K7$ 的极限偏差表示为 $\phi25_{-0.015}^{+0.006}$。

公差与偏差是两个不同的概念:公差代表制造精度的要求,是指上下尺寸的变动范围,反映加工难易的程度。当基本尺寸相同时,公差越大,制造难度越低加工越容易,不同尺寸不同公差值时,可用相对尺寸精度来测量其制造难易程度;而偏差是表示偏离基本尺寸的多少与加工的难易程度无关。公差是不为零的绝对值;而偏差可以为正、负或零。公差影响配合的精度。而偏差影响配合的松紧程度。

⑤零线和公差带

图 2.3 为公差带与配合的一个示意图。它表示了两个相互结合的孔、轴的基本尺寸、极限尺寸、极限偏差与公差的相互关系。在应用中,一般以公差与配合图解(图 2.3)来表示。

A. 零线

在公差与配合图解(简称公差带图)中,确定偏差的一条基准直线,即零偏差线。通常零线表示基本尺寸。正偏差位于零线的上方,负偏差位于零线的下方。

B. 公差带

在公差带图中,由代表上、下偏差的两条直线所限定的一个区域,称为公差带。在国家

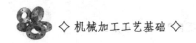

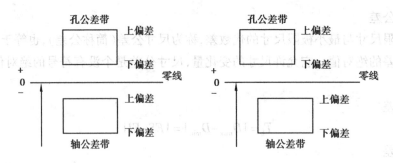

标准中,公差带包括了"公差带大小"与"公差带位置"两个参数。前者由标准公差确定,后者由基本偏差确定。

⑥基本偏差

基本偏差是用来确定公差带相对于零线位置的上偏差或下偏差,一般是指靠近的那个偏差。

⑦标准公差

国家标准规定的,用以确定公差带大小的任一公差,称为标准公差。

2.2.2 钢的整体热处理

钢的热处理是指采用适当的方法将钢在固态下进行加热、保温和冷却,以改变其内部组织,从而获得所需性能的一种工艺方法。

热处理的目的是显著提高钢的力学性能,发挥钢材的潜力,提高工件大的使用性能和寿命,增加机器加工效率,降低成本。

常用热处理工艺可分为两类,即预先热处理和最终热处理。预先热处理是为了消除坯料、半成品中的某些缺陷,为后续的冷加工和最终热处理作组织准备。最终热处理是使工件获得所要求的性能。退火与正火主要用于钢的预先热处理,其目的是为了消除和改善前一道工序(铸、锻、焊)所造成的某些组织缺陷及内应力,也为切削加工热处理作好组织和性能上的准备。对一般铸件、焊接件以及一些性能要求不高的工件,退火与正火也可作为最终热处理。

(1)钢的退火

退火就是将工件加热到适当温度,保温一定时间,然后缓慢冷却的热处理工艺。退火主要用于铸、锻、焊毛坯或半成品零件。退火的目的是:降低钢的硬度,提高塑性,改善其切削加工性能;均匀钢的成分,细化晶粒,改善组织与性能,消除工件的内应力,防止变形与开裂;为最终热处理作准备。根据钢的成分和退火目的不同,退火可分为完全退火、高温退火、球化退火、去应力退火及均匀退火等。

1)完全退火

完全退火是将钢完全奥氏体化后缓慢冷却,获得接近平衡组织的退火工艺。其目的是:降低钢的硬度,以利于切削加工;消除应力,稳定工件的尺寸,防止变形和开裂;细化晶粒,改善组织,为最终热处理作组织准备。完全退火主要适用于亚共析碳钢和合金钢的铸件、锻件、焊接件及热轧型材等。

2)等温退火

等温退火是将加热到 A_{c3} 或 A_{c1} 以上 20 ~ 40 ℃,保温适当时间后,较快地冷却到珠光体温度区间的某一温度,等温一定时间,使奥氏体转变为珠光体组织,然后空冷至室温的退火工艺。其目的和应用范围与完全退火相同,但所用时间比完全退火缩短约 1/3,并能得到均匀的组织和性能。

3)球化退火

球化退火是使钢中的碳化物球化而进行的退火工艺。加热温度是 A_{c1} 以上 20 ~ 40 ℃,退火后的组织是球状渗碳体和铁素体所组成的球状珠光体(见图 2.4)。球化退火的目的是使网状 $Fe3C Ⅱ$ 或片状渗碳体转变为球状渗碳体,降低硬度,便于切削加工,为淬火作好组织准备。球化退火适用于过共析钢和合金工具钢、轴承钢等。

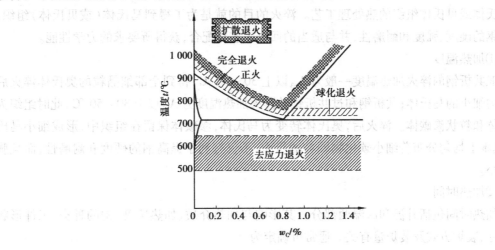

图 2.4　各种退火的加热温度范围

4)去应力退火

去应力退火又称低温退火,是将钢加热到 A_{c1} 以下(一般为 500 ~ 650 ℃),保温一定时间,然后随炉冷却的退火工艺。其目的是消除工件(铸件、锻件、焊接件、热轧件、冷拉件及切削加工过程中的工件)的内应力,稳定工件尺寸,减少变形。

去应力退火因加热温度低于 A_{c1},故不发生组织转变,只消除内应力。

5)均匀退火

均匀退火是将工件加热到高温(一般为 1 050 ~ 1 150 ℃),并长时间保温,然后缓慢冷却的退火工艺。其目的是减少化学成分偏析和组织不均匀性,主要用于质量要求高的合金钢铸锭和铸件等。均匀退火后,钢件晶粒粗大,应进行完全退火或正火。

(2)钢的正火

正火是将钢加热到 A_{c3} 或 A_{ccm} 以上 20 ~ 40 ℃,保温适当时间后在空气中冷却的热处理工艺,各种退火与正火的加热温度范围如图 2.4 所示。

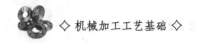

正火的目的和退火目的基本相同。与退火相比,正火的冷却速度较快,过冷度较大,得到的珠光体组织晶粒较细,其强度、硬度比退火高一些;操作简便,生产周期短,节约能源,生产效率高,成本较低。生产中常优先采用正火。

正火的应用与退火基本一样,一般作为预备热处理,安排在毛坯生产后,粗加工(或半精加工)之前。低碳钢、中碳钢或低碳合金钢经正火处理,可细化晶粒,提高硬度,改善其切削加工性能(一般硬度在 HBS170~230 切削加工性能较好),可代替退火处理;中碳合金钢,经正火处理可获得均匀而细密的组织,为调质处理作组织准备。对性能要求不高的零件,以及一些大型或形状复杂的零件,淬火容易裂开时,常用正火作为最终热处理;对过共析钢,正火可消除网状渗碳体,为球化退火作组织准备。

(3)钢的淬火

1)淬火加热

淬火是将钢加热到 A_{c3} 或 A_{c1} 以上 30~50 ℃,保温一定时间,然后以适当速度冷却而获得马氏体或贝氏体组织的热处理工艺。淬火的目的就是为了得到马氏体(或贝氏体)组织,提高钢的硬度、强度和耐磨性,并与适当的回火工艺相配合,获得所要求的力学性能。

①加热温度

亚共析钢的淬火加热温度一般为 A_{c3} 以上 30~50 ℃,得到全部细晶粒的奥氏体淬火后为均匀细小的马氏体;共析钢和过共析钢的淬火加热温度为 A_{c1} 以上 30~50 ℃,此时组织为奥氏体和粒状渗碳体。淬火后,奥氏体转变为马氏体,渗碳体保留在组织中,形成细小马氏体,基本上均匀分布着细小碳化物颗粒的组织,不仅有利于提高钢的硬度和耐磨性,而且脆性也小。

②加热时间

加热时间包括升温和保温两部分。其影响与加热介质、加热速度、钢的种类、工件形状和尺寸、装炉方式及装炉量有关。通常可确定为

$$t = \alpha D$$

式中　t——加热时间,min;

　　　α——加热系数,min/mm;

　　　D——工件有效厚度,mm。

式中,α 和 D 的数值可查阅有关资料确定。

2)淬火冷却

①冷却介质

钢淬火的目的是为了获得马氏体,但又要减少工件变形和防止工件开裂。由 C 曲线可知,理想淬火介质的冷却速度在 C 曲线鼻尖附近温度范围(650~550 ℃)要快冷,而在此范围以上或以下应慢冷,特别是在 300~200 ℃发生马氏体转变时,应缓慢冷却,以免工件变形开裂。生产上常用的冷却介质有水、矿物油、盐水、碱水等。

A.水及水溶液

水是最常用的冷却介质。它具有冷却能力快,使用方便,价格低廉等特点。但是在

300～200 ℃冷却速度仍然很快,易造成工件变形和开裂,因此仅适用于形状简单的碳钢工件。水温一般低于40 ℃,为了提高水的冷却能力,在水中加入少量(5%～10%)的盐或碱,即可得到盐水或碱水。盐水和碱水对零件有锈蚀作用,零件淬火后要很好地清洗。它适用于形状简单的中、低碳钢零件。

B.油

常用的淬火用油有柴油、机油、变压器油等,油在300～200 ℃的冷却能力比水小,对减小工件的变形和开裂很有利,但油在650～400 ℃的冷却能力也比水小,易碰到C曲线,得到非马氏体组织。故油只能用于过冷奥氏体稳定性较好(即淬透性较好)的低合金钢和合金钢的淬火。

②淬火方法

目前常用的淬火方法有单介质淬火、双介质淬火、马氏体分级淬火及贝氏体等温淬火。

A.单介质淬火

将工件加热奥氏体化后放入一种介质中进行冷却的淬火方法,称为单介质淬火。此方法是最常用的最简便的淬火方法。其特点是操作简单,易实现机械化、自动化。不足之处是水中淬火容易产生变形和裂纹,油中淬火易产生硬度不足或硬度不均匀等现象。单介质淬火主要用于形状简单的碳钢件在水中淬火,合金钢件及尺寸较小的碳钢件的淬油。

B.双介质淬火

工件加热奥氏体化后,先浸入一种冷却能力较强的介质中,在组织即将发生马氏体转变时,立即转入另一种冷却能力较弱的介质中缓慢冷却的淬火方法,称为双介质淬火。这种方法可减小淬火应力,减小工件的变形和开裂,但对操作技术要求高,不易掌握。双介质淬火主要适用于形状复杂的高碳钢工件、尺寸较大的合金钢工件。

C.马氏体分级淬火

工件加热奥氏体化后,先浸入温度在 M_s 点附近(150～260 ℃)的盐浴或碱浴中,保温一定时间,待工件整体温度趋于一致后,再取出空冷,以获得马氏体组织的淬火方法,称为马氏体分级淬火。此方法比双介质淬火容易操作,可显著地减小工件淬火的内应力,降低工件变形和开裂。它主要适用于尺寸较小、形状复杂或截面不均匀的碳钢和合金钢工件。

D.贝氏体等温淬火

工件加热奥氏体化后,快速冷却到贝氏体转变温度区间(260～240 ℃)等温保持,使奥氏体转变为下贝氏体的淬火工艺称为贝氏体等温淬火。此方法可显著地减小淬火应力和变形,工件经贝氏体等温淬火后,强度、韧性和耐磨性较好,但生产率较低。它适用于形状复杂、尺寸精度要求较高,并且硬度和韧性都要求较高的工件,如各种冷、热冲模,成形刃具和弹簧等。

3)钢的淬透性和淬硬性

①钢的淬透性

钢的淬透性是指在规定条件下钢试样淬硬深度和硬度分布的特性。其含义是钢试样在规定条件下淬火时获得马氏体组织深度的能力。它是钢的一种重要的热处理工艺性能。淬

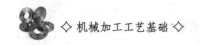

硬深度是从淬硬的工件表面到规定硬度值(一般为550HV)处的垂直距离。淬硬深度越深,淬透性越好。

影响钢的淬透性的主要因素是钢的化学成分,含碳量为0.77%的共析钢中淬透性最好,大多数合金元素(除Co外)都能显著提高钢的淬透性。此外,淬火加热温度、钢的原始组织也会影响到钢的淬透性。

钢的淬透性是钢的基本属性,是合理选材和正确制订热处理工艺的重要依据。钢的淬透性对提高零件的力学性能、发挥钢材的潜力具有重要意义。

②钢的淬硬性

钢的淬硬性是指钢试样在规定条件下淬火硬化所能达到的最高硬度的能力。其含义是钢试样在规定条件下此时马氏体组织所能达到的硬度。钢的淬硬性主要取决于钢中含碳量。钢中含碳量越高,淬硬性越好。

淬硬性与淬透性是两个截然不同的概念。淬硬性好的钢,其淬透性不一定好;反之,淬透性好的钢,其淬硬性不一定好。例如,碳素工具钢淬火后的硬度虽然很高(淬硬性好),但淬透性却很低;而某些合金钢,淬火后的硬度虽然不高,但淬透性却很好。

(4)钢的回火

回火是将淬硬后的工件加热到A_{c1}点以下某一温度,保温一定时间,然后冷却到室温的热处理工艺。回火是紧接淬火之后的处理工序。淬火与回火的目的是:获得工件所需要的力学性能;消除或减小内应力,降低钢的脆性,防止工件变形和开裂;稳定工件组织和尺寸,保证精度。

回火时,回火温度是决定钢的组织和性能的主要因素,随着回火温度升高,强度、硬度降低,塑性、韧性提高。温度越高,其变化越明显。

回火方法有低温回火、中温回火和高温回火。

1)低温回火

低温回火是加热温度在250℃以下进行的回火。其目的是保持淬火工件高硬度和高耐磨性的情况下,低温淬火残留应力和脆性。回火后的组织为回火马氏体,硬度为HRC58~64。主要适用于各种刃具、磨具、滚动轴承以及渗碳和表面淬火等要求硬而耐磨的零件。

2)中温回火

加热温度在350~500℃进行的回火。其目的是使工件获得较高的弹性和强度,适当的韧性和硬度。回火后的组织为回火托氏体,硬度为HRC35~50。它主要适用于处理各种弹性元件及热锻模等。

3)高温回火

高温回火是加热温度在500℃以上进行的回火。其目的是使工件获得强度、塑性和韧性都较好的综合力学性能。回火后的组织为回火索氏体,硬度为HBS200~350,它主要适用于各种较重要的受力结构件,如连杆、螺栓、齿轮及轴类零件等。

将工件淬火后高温回火的复合热处理工艺,称为调质处理。调质处理不仅可作为某些重要零件,如轴、齿轮、连杆、螺栓等零件的最终热处理,而且也可作为一些精密零件,如丝杠、量具、模具等的预先热处理,使其获得均匀细小的组织,以减小最终热处理过程中的变形。

在抗拉强度、硬度大致相同的情况下,调质后的塑性、韧性均显著于正火。这是因为钢经调质处理后的组织为回火索氏体,其渗碳体呈粒状,而正火得到的组织为层片状索氏体。

2.2.3 轴类零件的形位公差

(1)基本概念

1)几何要素

几何要素是指构成零件几何特征的点、线、面,如图 2.5 所示。几何要素分类如下:

①按结构特征分类

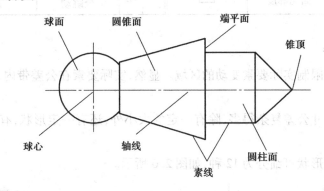

图 2.5 零件几何要素

a. 轮廓要素。是指构成零件外形的点、线、面。

b. 中心要素。是指轮廓要素对称中心所表示的点、线、面。

②按存在状态分类

a. 理想要素。是指具有几何意义的要素,是按设计要求,在图纸上给定的点、线、面。

b. 实际要素。是指零件实际存在的要素,是由加工后得到的要素。通常由测量所得的要素来代替。因测量有误差,因此,它不反映要素的真实状况。

③按所处地位分类

a. 基准要素。是指用来确定被测要素方向或位置的要素。

b. 被测要素。是指图样上给出现状或位置公差要求的要素,即检测的对象。

④按功能关系分类

a. 单一要素。是指仅对要素自身提出功能要求而给出形状公差的要素。

b. 关联要素。是指相对基准要素有功能要求而给出位置公差的要素。

2)形位公差的项目及代号

按国家标准《形状和位置公差》(GB/T 1182—2003)的规定,有 14 种形状和位置公差项目。其名称和代号见表 2.3。

表 2.3 形位公差项目

分 类		项 目	符 号	分 类		项 目	符 号
形状公差		直线度	—	位置公差	定向	平行度	//
		平面度	▱			垂直度	⊥
						倾斜度	∠
		圆度	○		定位	同轴度	◎
		圆柱度	⌭			对称度	⌯
						位置度	⌖
		线轮廓度	⌒		跳动	圆跳动	↗
		面轮廓度	⌓			全跳动	⌰

3)形位公差带

形位公差带是限制实际要素变动的区域。显然,实际要素在公差带内,则为合格;反之,则为不合格。

形位公差比尺寸公差复杂得多,除有一定的大小外,还有一定形状,有的还有方向和位置的严格要求。

形位公差带的形状可细分为12种,如图2.6所示。

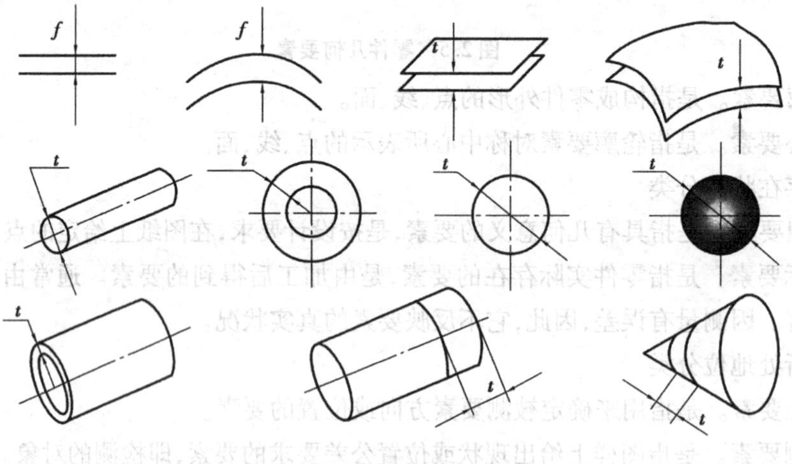

图 2.6 形位公差带的形状

形位公差带的形状、大小(公差值)、方向和位置是由零件的功能和对互换性的要求来确定的,称为形位公差带的四要素。

(2)形位公差的标注

1)形位公差代号

①公差框格及填写的内容

如图2.7所示,公差框格在图样上一般应水平放置,若有必要,也允许竖直放置。对于水平放置的公差框格,应由左往右依次填写公差项目符号,公差值及有关符号、基准字母及有关符号。基准可多至3个,但先后有别,从第三格到第五格,分别为第一基、第二基准和第三基准。对于竖直放置的公差框格,应由下往上填写有关内容。

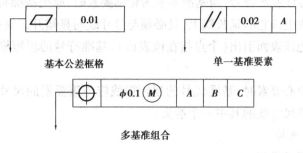

图2.7 公差框格

②指引线

公差框格用指引线与被测要素联系起来。指引线由细实线和箭头构成,它从公差框格的一端引出,并保持与公差框格端线垂直,引向被测要素时允许弯折,但不得多于两次,指引线的箭头应指向公差带的宽度方向或径向,如图2.8所示。

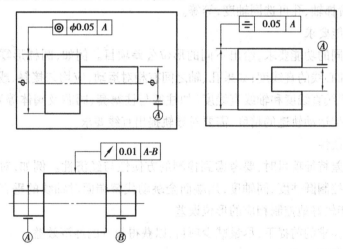

图2.8 形位公差标注实例及基准符号

③基准符号

基准符号是由带小圆圈的英文大写字母用细实线与粗的短横线相连而成,如图2.8所示。表示基准的字母也要标注在相应被测要素的位置公差框格内。基准符号引向基准要素时,小圆圈中的字母必须水平书写。

2)被测要素的标注方法

标注被测要素时,要特别注意公差框格的指引线箭头所指的位置和方向。当被测要素为轮廓要素时,指引线的箭头应置于该要素的轮廓线上或它的延长线上,并且箭头指引线必须与尺寸线错开。对于实际的被测表面,还可用带点的参考线把该表面引出(这个点指在该

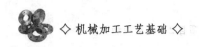

表面上),指引线的箭头置于这条参考线上。当被测要素为中心要素时,指引线的箭头应与该要素的尺寸线对齐,若指引线的箭头与尺寸线的箭头方向一致时,可合并为一个。

3)基准要素的标注方法

对基准要素应标注基准符号,当基准要素为轮廓要素时,应把基准符号的粗短横线靠近置于该要素的轮廓线上或它的延长线上,且必须与尺寸线明显错开。对于实际的基准表面,可用带点的参考线把该表面引出(个点指在该表面),基准符号的粗短横线靠近置于这条参考线上。

当基准要素为中心要素时,基准代号的粗短横线应与该要素的尺寸线对齐。基准代号的粗短横线也可代替尺寸线的其中一个箭头。

(3)形位公差的选择

1)形位公差项目的选择

形位公差特征项目的选择可从以下 3 个方面考虑:

①零件的几何特征

零件几何特征不同,会产生不同的形位误差。例如,对圆柱形零件,可选择圆度、圆柱度、轴心线直线度及素线直线度等;平面零件可选择平面度;窄长平面可选直线度;槽类零件可选对对称度;阶梯轴、孔可选同轴度,等等。

②零件的功能要求

根据零件不同的功能要求,给出不同的形位公差项目。例如,圆柱形零件,当仅需要顺利装配时,可选轴心线的直线度;如果孔、轴之间有相对运动,应均匀接触,或为保证密封性,应标注圆柱度、素线直线度和轴线直线度(如柱塞与柱塞套、阀芯及阀体等)。又如,为保证机床工作台或刀架运动轨迹的精度,需要对导轨提出直线要求。

③检测的方便性

确定性位公差特征项目时,要考虑到检测的方便性与经济性。例如,对轴类零件,可用径向全跳动综合控制圆柱度、同轴度,用端面全跳动代替端面对轴线的垂直度,因为跳动误差检测方便,又能较好地控制相应的形位误差。

在满足功能要求的前提下,尽量减少项目,以获得较好的经济效益。

2)形位公差等级的选择

根据国家标准 GB/T 1184—1996,形位公差等级是由具体数值的大小来表示的。除圆度与圆柱度外,其精度一般分为 12 个等级,即 1 ~ 12 级,并依次降低。为了满足高精度零件的需要,圆度与圆柱度增设了"0"级。精度等级随数字的增大而降低;同一精度等级随零件的基本尺寸的增大而增大。表2.4—表2.6(摘自 GB/T 1184—1996 附录 B)为形位公差等级数值。

表 2.4 直线度、平面度公差等级

公差等级	主参数 L/mm															
	≤10	>10 ~16	>16 ~25	>25 ~40	>40 ~63	>63 ~100	>100 ~160	>160 ~250	>250 ~400	>400 ~630	>630 ~1 000	>1 000 ~1 600	>1 600 ~2 500	>2 500 ~4 000	>4 000 ~6 300	>6 300 ~10 000
	公差值/mm															
1	0.2	0.25	0.3	0.4	0.5	0.6	0.8	1	1.2	1.5	2	2.5	3	4	5	6
2	0.4	0.5	0.6	0.8	1	1.2	1.5	2	2.5	3	4	5	6	8	10	12
3	0.8	1	1.2	1.5	2	2.5	3	4	5	6	8	10	12	15	20	25
4	1.2	1.5	2	2.5	3	4	5	6	8	10	12	15	20	25	30	40
5	2	2.5	3	4	5	6	8	10	12	15	20	25	30	40	50	60
6	3	4	5	6	8	10	12	15	20	25	30	40	50	60	80	100
7	5	6	8	10	12	15	20	25	30	40	50	60	80	100	120	150
8	8	10	12	5	20	25	30	40	50	60	80	100	120	150	200	250
9	12	15	20	25	30	40	50	60	80	100	120	150	200	250	300	400
10	20	25	30	40	50	60	80	100	120	150	200	250	300	400	500	600
11	30	40	50	60	80	100	120	150	200	250	300	400	500	600	800	1 000
12	60	80	100	120	150	200	250	300	400	500	600	800	1 000	1 200	1 500	2 000

表 2.5 圆度、圆柱度公差等级

公差等级	主参数 d(D)/mm												
	≤3	>3 ~6	>6 ~10	>10 ~18	>18 ~30	>30 ~50	>50 ~80	>80 ~120	>120 ~180	>180 ~250	>250 ~315	>315 ~400	>400 ~500
	公差值/μm												
0	0.1	0.1	0.12	0.15	0.2	0.25	0.3	0.4	0.6	0.8	1	1.2	1.5
1	0.2	0.2	0.25	0.25	0.3	0.4	0.5	0.6	1	1.2	1.6	2	2.5
2	0.3	0.4	0.4	0.5	0.6	0.6	0.8	1	1.2	2	2.5	3	4
3	0.5	0.6	0.6	0.8	1	1	1.2	1.5	2	3	4	5	6
4	0.8	1	1	1.2	1.5	1.5	2	2.5	3.5	4.5	6	7	8
5	1.2	1.5	1.5	2	2.5	2.5	3	4	5	7	8	9	10
6	2	2.5	2.5	3	4	4	5	6	8	10	12	13	5
7	3	4	4	5	6	7	8	10	12	14	16	18	20
8	4	5	6	8	9	11	13	15	18	20	23	25	27
9	6	8	9	11	13	16	19	22	25	29	32	36	40
10	10	12	15	18	21	25	30	35	40	46	52	57	60

续表

公差等级	主参数 $d(D)$/mm												
	≤3	>3 ~6	>6 ~10	>10 ~18	>18 ~30	>30 ~50	>50 ~80	>80 ~120	>120 ~180	>180 ~250	>250 ~315	>315 ~400	>400 ~500
	公差值/μm												
11	14	18	22	27	33	39	46	54	63	72	81	89	97
12	25	30	36	43	52	62	74	87	100	115	130	140	155

表 2.6 平面度、垂直度、倾斜度公差等级

公差等级	主参数 $L, d(D)$/mm															
	≤10	>10 ~16	>16 ~25	>25 ~40	>40 ~63	>63 ~100	>100 ~160	>160 ~250	>250 ~400	>400 ~630	>630 ~1 000	>1 000 ~1 600	>1 600 ~2 500	>2 500 ~4 000	>4 000 ~6 300	>6 300 ~10 000
	公差值/μm															
1	0.4	0.5	0.6	0.8	1	1.2	1.5	2	2.5	3	4	5	6	8	10	12
2	0.8	1	1.2	1.5	2	2.5	3	4	5	6	8	10	12	15	20	25
3	1.5	2	2.5	3	4	5	6	8	10	12	15	20	25	30	40	50
4	3	4	5	6	8	10	12	15	20	25	30	40	50	60	80	100
5	5	6	8	10	12	15	20	25	30	40	50	60	80	100	120	150
6	8	10	12	15	20	25	30	40	50	60	80	100	120	150	200	250
7	12	15	20	25	30	40	50	60	80	100	120	150	200	250	300	400
8	20	25	30	40	50	60	80	100	120	150	200	250	300	400	500	600
9	30	40	50	60	80	100	120	150	200	250	300	400	500	600	800	1 000
10	50	60	80	100	120	150	200	250	300	400	500	600	800	1 000	1 200	1 500
11	80	100	120	150	200	250	300	400	500	600	800	1 000	1 200	1 500	2 000	2 500
12	120	150	200	250	300	400	500	600	800	1 000	1 200	1 500	2 000	2 500	3 000	4 000

选择形位公差等级时,在满足零件的使用前提下,应选用最经济的公差等级。公差等级的选择一般有计算和类比两种方法。精度要求时,用计算法,通常用类比法比较多。在具体选用时,还应根据零件结构、加工工艺尺寸公差等级和表面粗糙度的要求等联系起来一起并考虑。

①计算法

用计算法确定形位公差值,目前还没有成熟系统的计算步骤和方法,一般时根据产品的功能要求,在有条件的情况下计算求得形位公差值。

例 2.3 如图 2.9 所示孔和轴的配合,为保证轴能在孔中自由回转,要求最小功能间隙(配合孔轴尺寸考虑形位误差后所得到的间隙)X_{min} 不得小于 0.02 mm,试确定孔和轴的形位公差。

解 此部件主要要求保证配合性质,对轴孔的形状精度无特殊的要求,故采用包容要求给出尺寸公差。两孔同轴度误差对配合性质有影响,故以两孔轴线建立公共基准轴线并给出两孔轴线对公基准轴线的同轴度公差。

设孔的直径公差等级为IT7,轴的直径公差等级为IT6,则 $T_s = 0.013$ mm。选用基孔制配合,则孔为 $\phi 30^{+0.021}_{0}$ mm。由于是间隙配合,故轴的基本偏差必须为负值,且绝对值应大于轴、孔的形位公差之和。

因

$$X_{\min} = EI - es - (t_{孔} + t_{轴})$$

取轴的基本偏差为 e,则其

$$es = -0.04 \text{ mm}$$

则

$$0.02 = 0 - (-0.04) - (t_{孔} + t_{轴})$$

$$(t_{孔} + t_{轴}) = 0.04 \text{ mm} - 0.02 \text{ mm} = 0.02 \text{ mm}$$

因轴为光轴,采用包容要求后,轴在最大实体状态下的 $t_{轴} = 0$,故孔的同轴度在公差为 0.02 mm。其标注如图2.9所示。

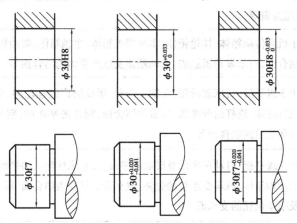

(a)标注公差带代号 (b)标注极限偏差数值 (c)综合注法

图2.9 公差标注

②类比法

形位公差常用类比法确定,主要考虑零件的使用性能、加工的可能性和经济性等因素,还应考虑形状公差于位置公差的关系、形位公差和尺寸公差的关系、形位公差与表面粗糙度的关系,考虑零件的结构特点。表2.7—表2.9列出各种形位公差等级的应用举例,可供类比时参考。

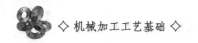

表2.7 直线度、平面度公差等级应用

精度等级	应用举例
1~2	用于精密量具、测量仪器和精度要求极高的精密机械零件,如高精度量规、样板平尺、工具显微镜等精密测量仪器的导轨面,喷油嘴针阀体端面,以及油泵柱塞套端面等高精度零件
3	用于0级及1级宽平尺的工作面,1级样板平尺的工作面,测量仪器圆弧导轨,测量仪器测杆等
4	用于量具,测量仪器和高精度机床的导轨,如0级平板,测量仪器的V形导轨,高精度平面磨床的V形滚动导轨,轴承磨床床身导轨,液压阀芯等
5	用于1级平板,2级宽平尺、平面磨床的纵导轨、垂直导轨、立柱导轨及工作台,液压龙门刨床和六角车床床身的导轨,柴油机进、排气门导杆
6	用于普通机床导轨面,如普通车床、龙门刨床、滚齿机、自动车床等的床身导轨、立柱导轨、滚齿机、卧式镗床、铣床的工作台及机床主轴箱导轨、柴油相体结合面等
7	用于2级平板,0.02游标卡尺尺身,机床床头箱体,摇臂钻床底座工作台,镗床工作台、液压泵盖等
8	用于机床传动箱体,挂轮箱体,车床溜板箱体,主轴箱体,柴油机汽缸体,连杆分离面,缸盖结合面,汽车发动机缸盖,曲轴箱体及减速箱体的结合面等
9	用于3级平板、机床溜板箱、立钻工作台、螺纹磨床的挂轮架,金相显微镜的载物台,柴油机汽缸体,连杆的分离面、缸盖的结合面,阀片的平面度,空气压缩机的汽缸体,液压管件和法兰的联接面等
10	用于3级平板,自动车床床身底面的平面度,车床挂轮架的平面度,柴油机汽缸体,摩托车的曲轴箱体、汽车变速箱的壳体,汽车发动机缸盖结合面、阀片的平面度,以及辅助机构及手动机械的支承面
11~12	用于易变形的薄片、薄壳零件,如离合器的摩擦片、汽车发动机缸盖的结合面,手动机械支架、机床法兰等

表2.8 圆度、圆柱度公差等级应用

精度等级	应用举例
1	高精度量仪主轴、高精度机床主轴、滚动轴承滚珠和滚柱等
2	精密量仪主轴、外套、阀套;高压油泵柱塞及套;纺织轴承,高速柴油机进、排气门,精密机床主轴轴颈、针阀圆柱表面、喷油泵柱塞及柱塞套
3	小工具显微镜套管外圆,高精度外圆磨床、轴承,磨床砂轮主轴套筒,喷油嘴针阀体,高精度微型轴承内、外圈

续表

精度等级	应用举例
4	较精密机床主轴、精密机床主轴箱孔;高压阀门活塞,活塞销、阀体孔;小工具显微镜顶针,高压油泵柱塞,较高精度滚动轴承配合的轴、铣床动力头箱体孔等
5	一般量仪主轴、测杆外圆、陀螺仪轴颈,一般机床主轴,较精密机床主轴箱孔,柴油机、汽油机活塞、活塞销孔,铣床动力头、轴承箱座孔,高压空气压缩机十字头销、活塞,较低精度滚动轴承配合的轴
6	仪表端盖外圆,一般机床主轴及箱孔,中等压力液压装置工作面(包括泵、压缩机的活塞和汽缸),汽车发动机凸轮轴,纺绽,通用减速器轴轴颈,高速船用发动机曲轴,拖拉机曲轴主轴颈
7	大功率低速柴油机曲轴;活塞、活塞销、连杆、汽缸;高速柴油机箱体孔,千斤顶或压力油缸活塞,液压传动系统的分配机构,机车传动轴,水泵及一般减速器轴轴颈
8	低速发动机、减速器、大功率曲柄轴轴颈,压气机连杆盖、体;拖拉机缸体、活寒,炼胶机冷铸轴提,印刷机传墨辊;内燃机曲轴,柴油机机体孔,凸轮轴,拖拉机,小型般用柴油机汽缸套
9	空气压缩机缸体,液压传动筒,通用机械杠杆与拉杆同套筒销子,拖拉机活塞机、套筒孔
10～12	印染机导布辊、铰车、吊车、起重机滑动轴承轴颈等

表2.9 平行度、垂直度、倾斜度公差等级

精度等级	平行度	垂直度和倾斜度
1	高精度机床、测量仪器以及量具等主要基准面和工作面	
2～3	精密机床、测量仪器、量具以及模具的基准面和工作面 精密机床上重要箱体主轴孔对基准面的要求,尾架孔对基准面的要求	精密机床导轨、普通机床主要导轨,机床主轴轴向定位面;精密机床主轴肩端面,滚动轴承座圈端面,齿轮测量仪的心轴,光学分度头心轴,蜗轮轴端面,精密刀具、量具的基准面和工作面
4～5	普通机床、测量仪器、量具及模具的基准面和工作面,高精度轴承座圈、端盖、挡圈的端面 机床主轴孔对基准面要求、重要轴承孔对基准面要求,床头箱体重要孔间要求,一般减速器壳体孔、齿轮泵的轴孔端面等	普通机床导轨、精密机床重要零件,机床重要支承面,普通机床主轴偏摆,发动机轴和离合器的凸缘 汽缸的支承端面,装4,5级轴承的箱体的凸肩,液压传动轴瓦端面,量具、量仪的重要端面

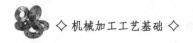

续表

精度等级	平行度	垂直度和倾斜度
6~8	一般机床零件的工作面或基准,压力机和锻锤的工作面,中等精度钻模的工作面,一般刀、量、模具;机床一般轴承孔对基准面的要求,床头箱一般孔间要求,变速器箱孔;主轴花键对定心直径,重型机械轴承盖的端面,卷扬机、手动传动装置中的传动轴、汽缸轴线	低精度机床主要基准面和工作面,回转工作台端面跳动,一般导轨,主轴箱体孔,刀架、砂轮架及工作台回转中心,机床轴肩、汽缸配合面对其轴线,活塞销孔对活塞中心线以及装 6,0 级轴承壳体孔的轴线等
9~10	低精度零件、重型机械滚动轴承端盖柴油机和煤气发动机的曲轴孔、轴颈等	花键轴轴肩端面,皮带运输机法兰盘等端面、对轴心线,手动卷扬机及传动装置中轴承端面,减速器壳体平面等
11~12	零件的非工作面,卷扬机运输机上用的减速器壳体平面	农业机械齿轮端面等

(4)基准的选择

基准时确定关联要素间方向和位置的依据。在选择公差项目时,必须同时考虑要采用的基准。基准有单一基准、组合基准及多基准 3 种形式。选择基准时,一般应从以下 4 方面考虑。

①根据要素的功能及对被测要素间的几何关系来选择基准。如轴类零件,常以两个轴承支承运转,其运动轴线时安轴承的两轴径公共轴线。因此,从功能要求和控制其他要素的位置精度来看,应选这两处轴径的公共轴线(组合基准)为基准。

②根据装配关系应选零件上相互配合、相互接触的定位要素作为各自的基准。如盘、套类零件多以其内孔轴线径向定位装配或以其端面轴向定位,因此根据需要可选其轴线或端面作为基准。

③从零件结构考虑,应选较宽大的平面、较长的轴线作为基准,以使定位稳定。对结构复杂的零件,一般应选 3 个基准面,以确定被测要素在空间的方向和位置。

④从加工检测方面考虑,应选择在加工、检测中方便装夹定位的要素为基准。

任务 2.3 加工传动轴零件

2.3.1 传动轴零件加工工艺分析

(1)零件材料

零件材料为 45 钢。切削加工良性好,无特殊加工问题,故加工中不需要采取特殊工艺措施。刀具材料选择范围较大,高速钢或 YT 类硬质合金均能胜任。刀具几何参数可根据不同刀具类型通过相关表格查取。

（2）零件组成

表面 $\phi 52$, M, N, P, Q 圆柱面及其相应沟槽,两端面,7 处 $C2$ 倒角,两处重要键槽及安装锁紧螺母槽。

（3）主要表面分析

轴径 M, N 及其轴肩用于支持轴承,键槽用于安装键,以传递矩;螺纹用于安装各种锁紧螺母和调整螺母。这些都是零件的重要工作面。

（4）主要技术条件

主要轴径 M, N($\phi 35 \pm 0.008$)。外圆 P, Q($\phi 38 \pm 0.006\,5$)精度要求,IT6;位置精度,跳动 0.02;表面粗糙度要求 $R_a 0.8\ \mu m$,它是零件上主要的基准面,应与两端中心轴线保持基本的同轴关系。

（5）零件总体特点

其属于典型的轴类零件。

2.3.2 加工传动轴

（1）操作步骤

①下料, $\phi 38 \times 145$ 圆钢。

②夹一段,车端面,钻中心孔,顶一端。车外圆 $\phi 24$, $\phi 28$, $\phi 30$ 留余量,调头,车端面,取总长 142,钻中心孔,顶一端。车外圆 $\phi 30$, $\phi 32$, $\phi 36$ 留余量。

③调质处理 HB220 ~ 250。

④钳,研磨两端中心孔。

⑤双顶尖,拨杆夹紧,车 $\phi 28$, $\phi 36$ 到尺寸, $\phi 24$, $\phi 32$, $\phi 30$ 留磨削余量 0.2,切砂轮越程槽。

⑥钳,划两键槽基准线、加工线。

⑦粗、精铣两键槽,保证尺寸。

⑧磨 $\phi 24$, $\phi 32$, $\phi 30$ 到尺寸。

⑨检验。

（2）操作过程注意事项

1）毛坯选择

本例传动轴属于中、小传动轴,并且各外圆直径尺寸相差不大,故选择 $\phi 60\ mm$ 的热轧圆钢作毛坯。

2）零件各表面终加工方法及加工路线

①主要表现可能采用的终加工方法。按 IT6 级精度, $R_a 0.8\ \mu m$,应为磨削。

②选择确定。按零件材料、批量大小、现场条件等因素,并对照各加工方法特点及适应范围确定采用磨削。

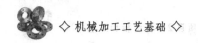

③其他表面终加工方法。结合主要表面加工及表面形状特点，各回转面采用半精车，保证在多次安装中所加工的各个外圆面有较高的同轴度。

3）一夹一顶

粗加工时，因切削力较大，可采用"三爪自定心卡盘"夹一头，顶尖顶另一头的装夹方法。

4）一夹一托

加工轴上的轴向孔或车端面，钻中心孔时需用外圆定位，常用三爪卡盘夹一头、中心架托一头的装夹方法。

5）用V形块

铣轴上的键槽时切削力较大，且槽深的设计基准为外圆下母线，常以键槽所在的外圆段为定位基准，用V形块和螺旋压板或专用虎钳装夹。

6）用专用夹具

生产批量大时，可设计专用夹具装夹。

（3）磨削相关基础知识

1）M1432A型万能外圆磨床各部分的名称及其作用

M1432A型万能外圆磨床主要由床身、头架、工作台、内圆磨装置、砂轮架、尾座及脚踏操作板等组成。如图2.10所示为M1432A型万能外圆磨床的外形。

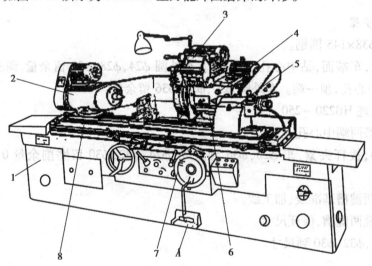

图2.10　M1432A型万能外圆磨床

①床身

它是磨床的基础支承件，用以支承砂轮架、工作台、头架、尾座及横向滑鞍等部件，并使它们在工作时保持准确的相对位置。床身内部有液压油池。

②头架

头架主轴上可安装顶尖和卡盘，它用以安装工件转动。当头架回转一个角度，可磨削短圆锥面。当头架逆时针回转90°时，可磨削小平面。

③砂轮架

它用以支承并带动砂轮高速旋转。砂轮架安装在滑鞍上,回转角度为±30°。当需要磨削短圆锥面时,砂轮架可调至所需的角度。

④尾座

尾座上的后顶尖和头架上的前顶尖一起,实现工件两顶尖装夹的安装。

⑤工作台

工作台由上、下两部分组成。上工作台可绕下工作台在水平面内回转一个角度,用以磨削锥度不大的长圆锥面。上工作台的台面由T形槽,通过螺栓将头架和尾座固定在上工作台面上。工作台面导致与床身纵向导轨配合,由液压传动装置后机械操纵机构带动纵向运动。在下工作台前侧面的T形槽内,装有两块行程挡铁,通过调整挡铁位置可控制工作台的行程和位置。

⑥内圆磨具

它是在砂轮架上增设的一个装置,用于支承磨内孔的砂轮主轴。正因为有了内圆磨具装置,使这种磨床具备了磨内圆孔的功能。内圆磨具装置设备在砂轮架的顶前方,磨内圆时才孔翻转下来。

⑦滑鞍及横向进给机构

可转动手轮通过横向进给机构带动滑鞍及砂轮架作横向移动,也可利用液压装置,使滑鞍和砂轮架作快速进退后周期性切入进给。

2)其他磨床简介

①普通外圆磨床

普通外圆磨床与万能外圆磨床在结构上存在的差别是:普通外圆磨床的头架和砂轮都不能绕竖直轴调整角度;头架主轴固定不动;没有内圆磨具。因此,普通外圆磨床只能用于磨削外圆柱面、台肩端面以及锥度不大的外圆锥面。

普通外圆磨床的结构比万能外圆磨床简化,刚度提高。尤其是头架主轴是固定不动的,工件支承在“死顶尖”上,提高了头架主轴组件的刚度和工件的回转精度。

②无心外圆磨床

无心磨床通常是指无心外圆磨床。无心外圆磨床示意图如图2.11所示。

无心磨削的特点是:工件不用顶尖支承或卡盘夹持,置于磨削砂轮和导轮之间并用托板支承定位,工件中心略高于两轮中心的连线,并在导轮摩擦力作用下带动旋转。导轮为刚玉砂轮,它以树脂或橡胶为结合剂,与工件间有较大的摩擦系数,线速度为 $10 \sim 50$ m/min,工件的线速度基本上等于导轮的线速度。磨削砂轮采用一般的外圆磨砂轮机,通常不变速,线速度很高,一般为 35 m/s 左右,因此在磨削砂轮与工件之间有很大的相对速度,这就是磨削工件的切削速度。为了避免磨削出棱圆形工件,工件中心必须高于磨砂轮和导轮的连心线,这样就可使工件在多次转动中逐步被磨圆。

3)磨削加工的特点

磨削是精加工工序,余量一般为 $0.1 \sim 0.3$ mm,加工精度高(一般可达 IT6—IT5),表面粗糙度小(R_a 为 $0.8 \sim 0.2$ μm);磨削中砂轮担任主要的切削工作,有自锐作用;可加工特硬

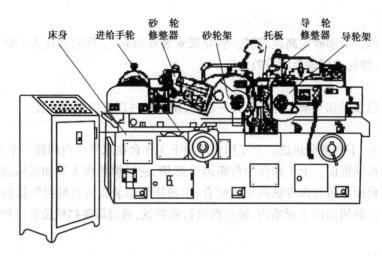

床身　进给手轮　砂轮修整器　砂轮架　托板　导轮修整器　导轮架

图 2.11　无心外圆磨床

材料及淬火工件,但磨削速度高,切削热很大,为了避免工件烧伤、退火,磨削时还需要需要充分的冷却;磨削的背向力大,直接影响工件的加工精度。例如,纵磨细长轴的外圆时,由于工件的弯曲而产生腰鼓形。

磨削运动有以下 3 项:

①主运动。由两个电动机分别驱动,并设有互锁装置。有磨外圆砂轮的旋转运动 $n_砂$ 或磨内孔砂轮的旋转运动 $n_内$。

②进给运动。有:工件旋转(周向进给)运动 $f_周$;工件纵向往复直线运动或手动纵向进给运动 $f_纵$;砂轮横向进给运动 $f_横$。往复纵磨时是周期性切入运动,切入磨削时是连续进给运动。

③辅助运动。包括砂轮架快速进退、工作台手动移动以及尾架套筒的退后等。

4)磨削加工的工艺范围与选用

磨削适用于加工各种表面,包括外圆、内孔、平面、花键、螺纹及齿形磨削(见图 2.12)。

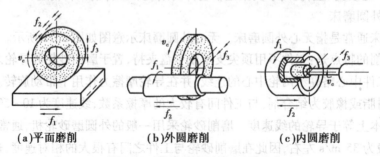

(a)平面磨削　　　　　(b)外圆磨削　　　　　(c)内圆磨削

图 2.12　最常见磨削加工方法

外圆磨削可在普通外圆磨床、万能外圆磨床以及无心外圆磨床上进行。

在外圆磨床上可磨削工件的外圆柱面,在万能外圆磨床上不仅能磨削内、外圆柱面及外圆锥面,而且能磨削内锥面及平面。

在无心外圆磨床上,磨削外圆的工艺方法称无心外圆磨(见图 2.13)。磨削时,工件不用顶尖支承,而置于磨轮和导轮之间的托板上,磨轮与导轮同向旋转并磨削工件外圆。导致轴线倾斜所产生的轴向分力时工件产生自动的轴向位移。无心外圆磨床自动化程度高、生产率高,适用于磨削大批量的细长轴及无中心孔的轴、套、销等零件。

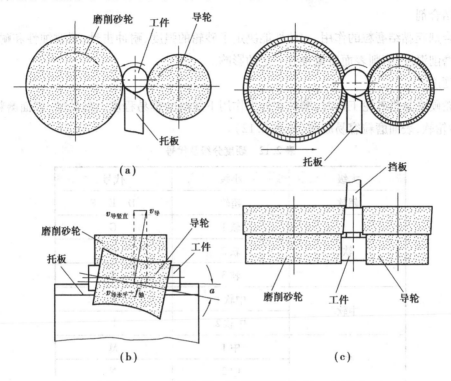

图 2.13 无心磨加工

5)砂轮的基本知识

砂轮是磨削加工中最主要的一类磨具。砂轮是在磨料中加入结合剂,经压坯、干燥和焙烧而制成的多孔体。由于磨料、结合剂及制造工艺不同,砂轮的特性差别很大,因此,对磨削的加工质量、生产率和经济性有着重要影响。砂轮的特性主要是由磨料、粒度、结合剂、硬度、组织、形状及尺寸等因素决定。

①磨料

磨料在砂轮中担负切削工作,因此,磨料应具备很高的硬度,一定的强韧性以及一定的耐热性及热稳定性。目前,生产使用的几乎为人造磨料,主要有刚玉类、碳化硅和高硬磨料类。单晶、微晶刚玉有良好的锐性,适用于加工不锈钢及各种铸钢;铬刚玉适用于加工淬火钢。碳化硅类磨料耐磨性好,适合加工硬质合金、宝石、玉石、陶瓷、半导体材料等。

②粒度

粒度是指磨料颗粒的大小。按颗粒尺寸大小将磨粒分为两类:一类为用筛选法来确定粒度号的,较粗磨料称磨粒,以及通过每英寸长度上筛网的孔数作为粒度号,粒度号越大,磨粒的颗粒越细。另一类为用显微镜测量区分的较细磨料称微粉,以实测到的最大尺寸作为粒度号,故粒度号的前面加字母"W"表示。选择磨料粒度时,主要考虑具体的加工条件,如粗磨时,以获得高生产率为主要目的,可选中、粗粒度的磨粒;精磨时,已获得小表面粗糙度为主要目的,可选细粒或微粒磨粒;磨削接触面积大和加工高塑性工材时,为防止磨削温度过高而引起表面烧伤,应选中、粗磨粒;为保证成形精度,应选细磨粒。

③结合剂

结合剂起黏结磨粒的作用,它的性能决定了砂轮的强度、耐冲击性、耐腐蚀性和耐热性,同时对磨削温度、磨削表面质量也有一定的影响。

④硬度

砂轮硬度是指砂轮工作时,磨粒在外力作用下脱落的难易程度。砂轮硬,表面磨粒难以脱落;砂轮软,表面磨粒容易脱落(见表2.12)。

表 2.12 硬度分级及代号

大级	小级	代号
超软	超软	D E F
软	软1	G
	软2	H
	软3	J
中软	中软1	K
	中软2	L
中	中1	M
	中2	N
中硬	中硬1	P
	中硬2	Q
	中硬3	R
硬	硬1	S
	硬2	T
超硬	超硬	Y

⑤组织

砂轮的组织是指组成砂轮的颗粒、结合剂、气孔3部分体积的比例关系。通常以磨粒所占砂轮体积的百分比来分级。砂轮有3种组织状态:紧密、中等、疏松。可细分成0~14号,共15级。组织号越小,颗粒所占比例越大,砂轮越紧密;反之,组织号越大,磨粒比例越小,砂轮越小,砂轮越疏松。

⑥形状与尺寸

砂轮的形状和尺寸是根据磨床类型、加工方法及工件的加工要求确定的。

砂轮的特性均标记在砂轮的侧面上,其顺序是形状代号、尺寸、磨料、粒度号、硬s度、组织号、结合剂、线速度。例如,外径 300 mm,厚度 50 mm,孔径 75 mm,棕刚玉,粒度 60,硬度 L,5 号组织,陶瓷结合剂,最高工作线速度 35 m/s 的平行砂轮,其标记为

砂轮 1-300×50×75-A60L5V-35m/s

(4)中心钻的结构与选用

中心钻的形状如图 2.14 所示,有 3 种形式:弧形中心钻、无护锥 60°复合中心钻及带护锥 60°复合中心钻。中心钻在结构上与麻花钻类似。为节约刀具材料,复合中心钻常制成双端的、钻沟一般制成直线的。复合中心钻工作部分由钻孔部分和锪孔部分组成。钻孔部与麻花钻同样,由倒锥度及钻尖几何参数。锪孔部制成 60°,保护锥制成 120°锥度。

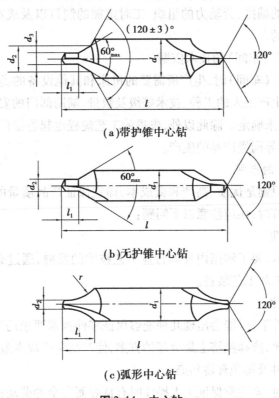

(a)带护锥中心钻

(b)无护锥中心钻

(c)弧形中心钻

图 2.14 中心钻

中心钻用以加工中心孔,可在车床上或钻床上钻出,在加工之前一般先把轴的端面车平。

2.3.3 机械加工工艺规程及工艺过程卡

(1)机械加工工艺规程

机械加工工艺规程是规定零件机械加工工艺过程和操作方法等的工艺文件之一。它是在具体的生产条件下,把较为合理的工艺过程和操作方法,按照规定的形式书写成工艺文件,进审批后用来指导生产。机械加工工艺规程一般包括以下内容:工件加工的工艺路线、各工序的具体内容及所用的设备和工艺装备、工件的检验项目及检验方法、切削量、时间定额等。

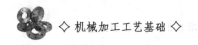

(2)机械加工工艺规程的作用

1)指导生产的重要技术文件

工艺规程是依据工艺学原理和工艺实验,经过生产验证而确定的,是科学技术和生产经验的结晶。因此,它是获得合格产品的技术保证,是指导企业生产活动的重要文件。正因为这样,在生产中,必须遵守工艺规程,否则常常会引起产品质量的严重降低,生产率显著降低,甚至造成废品。

2)生产组织和生产准备工作的依据

生产计划的制订,产品投产前原材料和毛坯的供应、工艺装备的设计、制造与采购、机床负荷的调整作业计划的编排、劳动力的组织、工时定额的制订以及成本的核算等,都是以工艺规程作为基本依据的。

3)新建和扩建工厂(车间)的技术依据

在新建和扩建工厂(车间)时,生产所需要的机床和其他设备的类型、数量和规格,车间的面积、机床的布置、生产工人的工种、技术等级及数量、辅助部门的安排等都是以工艺规程为基础,根据生产类型来确定。除此以外,先进的工艺规程也起着推广和交流先进经验的作用,典型工艺规程可指导同类产品的生产。

(3)工艺规程制订的原则

工艺规程指定的原则是优质、高产和低成本,即在保证产品质量的前提下,争取最好的经济效益。在具体制订时,还应注意以下问题:

1)技术上的先进性

在制订工艺规程时,要了解国内外本行业工艺技术的发展,通过必要的工艺经验,尽可能采用先进适合的工艺和工艺装备。

2)经济上的合理性

在一定的生产条件下,可能会出现几种能够保证零件技术要求的工艺方案。此时,应通过成本核算或相互对比,选择经济上最合理的方案,使产品生产成本最低。

3)良好的劳动条件及避免环境污染

在制订工艺规程时,要注意保证工人操作时有良好而安全的劳动条件。因此,在工艺方案上要尽量采取机械化或自动化措施,以减轻工人繁重的体力劳动。同时,要符合国家环境保护法的有关规定,避免环境污染。

产品质量、生产率和经济性这3个方面有时互相矛盾,因此,合理的工艺规程应该处理好这些矛盾,体现这三者的统一。

(4)制订工艺规程的原始资料

①产品全套配装图和零件图。

②产品验收的质量标准。

③产品的生产纲领(年产量)。

④毛坯资料。毛坯资料包括各种毛坯制造方法的技术经济特征;各种型材的品种和规格,毛坯图等;在无毛坯图的情况下,需实际了解毛坯的形状、尺寸及机械性能等。

⑤本厂的生产条件。为了使制订的工艺规程切实可行,一定要考虑本厂的生产条件。如了解毛坯的生产能力及技术水平;加工设备和工艺装备的规格及性能;工人技术水平以及专用设备与工艺装备的制造能力,等等。

⑥国内外先进工艺及生产技术发展情况。工艺规程的制订要经常研究国内外有关工艺技术资料,积极引进适用的先进工艺技术,不断提高工艺水平,以获得最大的经济效益。

⑦有关的工艺手册及图册。

(5)制订工艺规程的步骤

①计算年生产纲领,确定生产类型。

②分析零件图及产品装配图,对零件进行工艺分析。

③选择毛坯。

④拟订工艺路线。

⑤确定各工序的加工余量,计算工序尺寸及公差。

⑥确定各工序所用的设备及刀具、夹具、量具和辅助工具。

⑦确定切削用量及工时定额。

⑧确定各主要工序的技术要求及检验方法。

⑨填写工艺文件。

在制订工艺规程的过程中,往往要对前面已初步确定的内容进行调整,以提高经济效益。在执行工艺过程中,可能会出现前所未料的情况,如生产条件的变化,新技术、新工艺的引进,以及新材料、先进设备的应用等,都要求及时对工艺规程进行修订和完善。

2.3.4　工件装夹方法的选用

(1)工件装夹方法

1)卡盘夹定位

用卡盘夹用三爪自定心卡盘直接夹持外圆,适用于夹持表面光滑的圆柱形、六角形截面的工件。

用四爪单动卡盘夹外圆结合打表找正定位;可适用于大型以及其他不规则形状的工件和 单件、小批生产中工件的装夹。

2)两头顶用前后顶尖与中心孔定位

通过拨盘和鸡心夹带动工件旋转,用于一次装夹下加工数段外圆。两顶尖装夹工件方便,不需找正,装夹精度高。有利于保证各外圆柱面之间的同轴度和台阶面对轴线的垂直度。

常用的顶尖有普通顶尖(也称死顶尖)和活顶尖两种。其形状如图2.15所示。前顶尖用死顶尖,如图2.15(a)所示。在高速切削时,为了防止后顶尖与中心孔由于摩擦发热过大而磨损或烧坏,常采用活顶尖(见图2.15(b))。由于活顶尖的准确度不如死顶尖高,故一般用于轴的粗加工或半精加工。轴的精度要求比较高时,后顶尖也应用死顶尖,但要合理选择切削速度。当工件的刚度较低时,可在前后顶尖之间加装中心架或跟刀架作为辅助支承以提高支承刚度。

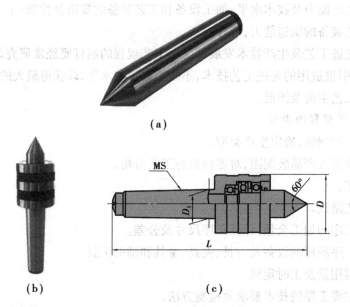

图2.15 顶尖

若工件为空心轴,当其通孔加工出来后,中心孔已不复存在,此时可在通孔两头加工出一段锥孔,装上锥堵,利用锥堵上的中心孔来实现"两头顶"。

如图2.16所示,用顶尖安装轴类工件的步骤如下:

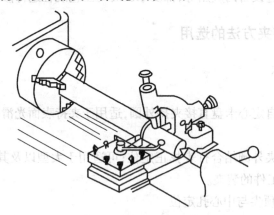

图2.16 用顶尖安装工件

①在轴的两端打中心孔。

②安装校正顶尖。顶尖是借尾部锥面与主轴或尾架套筒锥孔的配合而装紧的,因此安装顶尖时,必须先擦净锥孔和顶尖,然后用力推紧;否则装不牢或装不正。校正时,把尾架移向床头箱,检查前后两个顶尖的轴线是否重合。如果发现不重合,则必须将尾架体作横向调节,使之符合要求。

③安装工件。首先在轴的一端安装卡箍,稍微拧紧卡箍的螺钉。另一端的中心孔涂上黄油。但如用活顶尖,就不必涂黄油。对于已加工表面,装卡箍时应该垫上一个开缝的管或

包上薄铁皮以免夹伤工件。

在顶尖上安装轴类工件,由于两端都是锥面定位,其定位的准确度比较高,即使多次装卸与调头,零件的轴线始终是两端锥孔中心的连线,保持了轴的中心线位置不变。因而,能保证在多次安装中所加工的各个外圆面有较高的同轴度。

3)一夹一顶

粗加工时,因切削力较大,可采用"三爪自定心卡盘"夹一头,顶尖顶另一头的装夹方法。

4)一夹一托

加工轴上的轴向孔或车端面,钻中心孔时需用外圆定位,常用三爪卡盘夹一头,中心架托一头的装夹方法。

5)用 V 形块

铣轴上的键槽时切削力较大,且槽深的设计基准为外圆下母线,常以键槽所在的外圆段为定位基准,用 V 形块和螺旋压板或专用虎钳装夹。

6)用专用夹具

生产批量大时,可设计专用夹具装夹。

(2)外圆表面加工方案的选择

外圆表面是轴类零件的主要表面或辅助表面,常用的加工方法有车削和磨削。若加工精度要求更高和表面粗糙度 R_a 值要求更小时,则可采用光整加工等方法。车削加工是外圆表面最经济有效的加工方法,但就其经济精度来说,一般适用于作为外圆表面粗加工和半精加工方法;磨削加工是外圆表面主要精加工方法,特别适用于各种高硬度和淬火后的零件精加工;光整加工是精加工后进行的精密加工方法(如滚压、抛光、研磨等),适用于某些精度和表面质量要求很高的零件。

由于各种加工方法所能达到的经济加工精度、表面粗糙度、生产率和生产成本各不相同,因此必须根据具体情况,选用合理的加工方法,从而加工出满足零件图纸上要求的合格零件。

选择外圆表面的加工方法,应根据表面的精度和表面精糙度 R_a 值、工件材料和热处理以及批量大小,有的还需考虑零件结构形状及该表面处于零件的部位。

1)粗车

它主要作为外圆表面的预加工。

2)粗车—半精车

它用于各类零件上不重要的配合表面或非配合表面,也可作为磨削前的预加工。

3)粗车—半精车—精车

它主要用于以下情况:

①加工有色金属件。

②加工盘套类零件的外圆。单件小批量生产盘套类零件,往往在车床上一次装夹中精车外圆、端面和精镗孔,以保证它们之间的位置精度。

③加工短轴销的外圆。

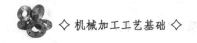

④加工外圆磨床难以装夹和磨削零件的外圆。

4)精车—半精车—磨削

它主要用于加工精度较高以及需要淬火的轴类和盘套类零件的外圆。磨削是否分粗磨和精磨,则取决于精度和表面粗糙度的要求。

5)精车—半精车—粗磨—精磨

它主要用于加工更高精度的轴类和套类零件的外圆以及作为精密加工前的预加工。

任务2.4　传动轴零件的检测

2.4.1　千分尺的使用

(1)千分尺的结构

千分尺分为外径千分尺、内径千分尺及深度千分尺等,测量值比游标卡尺要小,为0.01 mm。千分尺及其组成部分如图2.17所示。它由固定套筒、制动环、测微螺杆、砧座、尺架、微分筒及棘轮等组成。

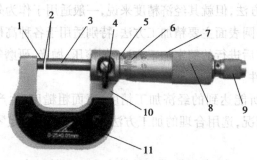

图2.17　千分尺及其组成部分

1—固定测钻;2—硬质合金头;3—活动测杆;4—止动器;5—固定套管;
6—微分筒;7—活动套;8—弹簧垫;9—测力装置;10—尺架;11—绝热垫

(2)千分尺的读数方法

千分尺的测量尺寸由0.5 mm的整数倍和小于0.5 mm的小数两部分组成。

1)0.5 mm的整数倍

它是指固定套筒上距离微分筒边线最近的刻度线。

2)小于0.5 mm的小数

它是指微分筒上与固定套筒中线重合的圆周刻度数乘以0.01。

(3)使用注意事项

①使用前将千分尺砧座和测微螺杆擦净,再将两者接触,看圆周刻度零线是否与中线零

点对齐。若不对齐,在测量后修正读数或先校零。

②测量时,先转动微分筒,待测微螺杆的测量面接近工件被测表面时,再转动测力装置,使测微螺杆的测量面接触工件表面。当听到 2~3 声"咔咔"声响后,即可停止转动,读取工件尺寸。否则,会使螺杆弯曲或测量面磨损。另外,工件一定要放正。为防止尺寸变动,可转动锁紧装置,锁紧测微螺杆。

2.4.2 径向跳动的检测

(1)圆跳动误差的检测

圆跳动误差是指被测实际要素绕基准轴线回转一周中,在无轴向移动的条件下,由位置固定指示表在给定方向上测得的最大与最小读数之差值。

径向圆跳动误差的测量如下:

1)测量工具

检验平板、V 形块、带指示器的测量架、定位装置。

2)测量步骤

①以 V 形块为基准轴线的测量方法,如图 2.18 所示。

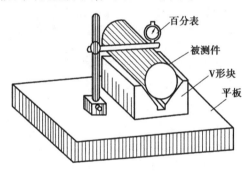

图 2.18　V 形块测量径向跳动误差

a.将被测零件放在 V 形块上,使基准轴线的外母线与 V 形块工作面接触,并在轴向定位,使指示器测头在被测表面的法线方向与被测表面接触。

b.转动被测零件,观察指示器的示值变化,记录被测零件在回转一周过程中的最大与最小读数 M_1 和 M_2,取其代数差为该截面上径向圆跳动误差,即

$$\Delta = M_1 - M_2$$

c.按上述方法测量若干个截面,取各截面上测得的跳动量中的最大值作为该零件的径向圆跳动误差。

②以中心孔为基准轴线的测量方法。

将被测零件安装在两顶尖之间,要求没有轴向窜动且转动自如。指示器在被测表面的法线方向与被测表面接触。转动被测零件,在一周过程中指示器读数的最大差值,即为该截面上的径向圆跳动误差。测量若干个截面,取各截面上测得的跳动量中的最大值,作为该零件的径向圆跳动误差。

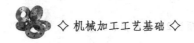

在轴线与基准轴线重合的测量圆柱面上,被测零件回转一周过程中,指示表读数的最大差值,即为单个测量圆柱面上的轴向圆跳动误差。如此在若干个测量圆柱面内测量,取测得的跳动误差的最大值作为该零件的轴向圆跳动误差(端面跳动误差)。

(2)全跳动误差的检测

全跳动误差是指被测实际要素绕基准轴线无轴向移动地多周回转,同时指示表沿平行或垂直于基准轴线的方向连续移动(或被测实际要素每回转一周,指示表沿平行或垂直于基准轴线的方向间接地移动一个距离),指示表最大与最小读数之差。

在被测零件连续回转过程中,若指示表沿平行基准轴线方向移动来测径向圆跳动误差,则所得读数的最大差值即为该零件的径向全跳动误差;若指示表沿垂直于基准轴线的方向移动来检测轴向圆跳动误差,则所得读数的最大差值即为该零件的轴向全跳动误差。

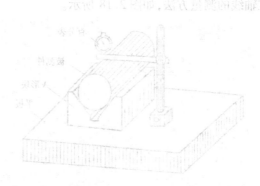

项目 3

齿轮轴加工基础

●**工作任务**

选择加工如图 3.1 所示齿轮轴零件的设备和加工方法。

●**能力目标**

1. 合金钢牌号的表示方法,常用合金钢的性能、选用及热处理方法选择。

2. 表面热处理方法。

3. 齿轮加工机床及齿轮加工方法,齿轮加工刀具的选用。

4. 材料的力学性能,硬度的测试。

5. 锻造生产简介。

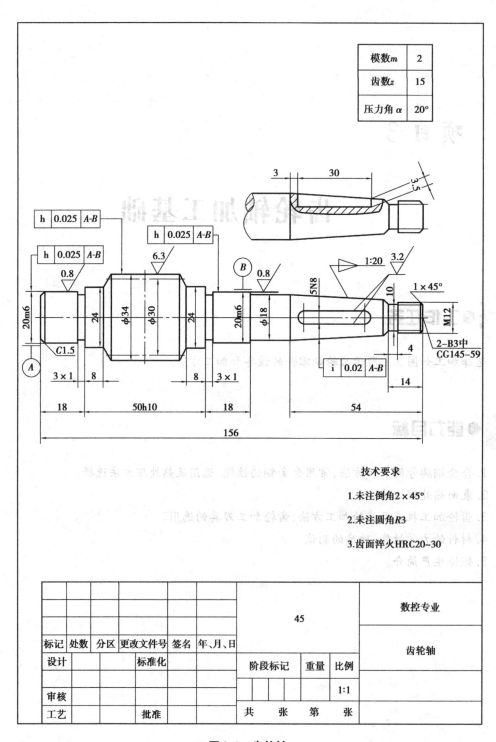

模数m	2
齿数z	15
压力角 α	20°

技术要求

1.未注倒角2×45°

2.未注圆角R3

3.齿面淬火HRC20~30

标记	处数	分区	更改文件号	签名	年、月、日		45			数控专业
设计			标准化							齿轮轴
审核						阶段标记		重量	比例	
									1:1	
工艺			批准			共　　张　　第　　张				

图3.1　齿轮轴

任务 3.1　识读齿轮轴零件图

3.1.1　齿轮轴零件的结构

齿轮轴是机械转动中应用最广泛的零件之一。它的功能是按规定的速比传递运动和动力。此零件是典型的轴类齿轮,齿轮分轮齿和轮体两部分。齿轮的齿数为 15,模数为 2,压力角 20°;零件上加工有键槽、轴间、C2 倒角等结构。

3.1.2　齿轮轴零件材料

由图 3.1 可知,该齿轮轴材料为 40Cr。40Cr 表示合金调质钢,平均含碳量为 0.4%,经调质处理后,晶粒细小,综合力学性能好。

3.1.3　齿轮轴零件加工技术要求

(1)齿轮轴零件加工精度要求

①尺寸精度。

②位置精度 $\phi20$m6。

③$\phi20$m6,$\phi34$,$\phi20$m6 这 3 处轴径外圆对公共轴心线 A-B 圆跳动公差为 0.025 mm。

④键槽对轴心线的对称度公差为 0.02 mm。

(2)热处理

调质处理 HRC28 ~ 32。

(3)表面粗糙度

3 种表面粗糙度要求 R_a1.6,R_a3.2,R_a6.3,其余 R_a12.5。

(4)(其他)倒角

倒角 C2。

任务 3.2　相关基础知识

3.2.1　金属材料的力学性能

金属材料性能包括使用性能和工艺性能。使用性能是指金属材料在使用过程中应具备的性能,它包括力学性能(强度、硬度、冲击韧度、疲劳强度等)、物理性能(密度、熔点、热膨胀性、导热性、导电性等)和化学性能(耐蚀性、抗氧化性等)。工艺性能是金属材料从冶炼到成品的生产过程中,适应各种加工工艺(如冶炼、铸造、冷热压力加工、焊接、切削加工及热处理等)应具备的性能。

(1)强度和塑性

金属材料的强度和塑性是静载荷作用下通过拉伸试验测定的。

1)拉伸试样

为了使金属材料的力学性能指标在测试时能排除因试样形状、尺寸的不同而造成的影响,试验时应先将被测金属材料制成标准试样。如图3.2所示为圆柱形拉伸试样。

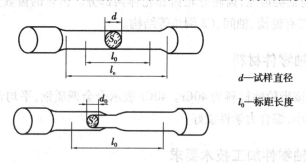

d—试样直径

l_0—标距长度

图3.2　圆柱形拉伸试样

在圆柱形拉伸试样中,d_0为试样直径,l_0为试样的标距长度,根据标距长度和直径之间的关系,试样可分为长试样($l_0 = 10d_0$)和短试样($l_0 = 5d_0$)。

2)拉伸曲线

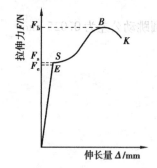

图3.3　低碳钢的力-伸长曲线

试验时,将试样两端夹装在试验机的夹头上,随后缓慢地增加载荷,随着载荷的增加,试样逐步变形伸长,直到被拉断为止。在试验过程中,试验机自动记录了每一瞬间载荷 F 和变形量 Δl,并给出了它们之间的关系曲线,称为拉伸曲线(或拉伸图)。如图3.3所示为低碳钢的拉伸曲线。

在拉伸的开始阶段,试样产生弹性变形,Ol 线段近似为一直线。当载荷超过 F_e 后,试样将进一步伸长,但此时若卸除载荷,弹性变形消失后,有一部分变形不能消失,即试样不能恢复到原来的长度,称为塑性变形或永久变形。在拉伸曲线上出现了水平的或锯齿形的线段,这种现象称为屈服。当载荷继续增加到某一最大值 F_b 时,变形集中发生在试样的局部,载荷也逐渐降低,当达到拉伸曲线上的 K 时,试样就被拉断。

3)强度

强度是指金属材料在载荷作用下,抵抗塑性变形和断裂的能力。

①弹性极限

金属材料能保持弹性变形的最大应力称为弹性极限,用符号 σ_e 表示,即

$$\sigma_{\mathrm{e}} = \frac{F_{\mathrm{e}}}{A_0}$$

式中　F_{e}——试样产生弹性变形时所承受的最大载荷，N；

　　　A_0——试样原始横截面面积，mm^2。

②屈服强度

金属材料开始明显塑性变形时的最小应力称为屈服强度，用符号 σ_{s} 表示，即

$$\sigma_{\mathrm{s}} = \frac{F_{\mathrm{s}}}{A_0}$$

式中　F_{s}——试样屈服时载荷，N；

　　　A_0——试样原始横截面积，mm^2。

在生产中使用的脆性材料在拉伸试验中不出现明显的屈服现象，无法确定其屈服点。国家标准规定，以试样塑性变形量为试样标距长度的 0.2% 时的应力值作为该材料的屈服强度，称为"条件屈服强度"，并以符号 $\sigma_{0.2}$ 表示。

③抗拉强度

金属材料在断裂前所能承受的最大应力，称为抗拉强度（又称强度极限），用符号 σ_{b} 表示，即

$$\sigma_{\mathrm{b}} = \frac{F_{\mathrm{b}}}{A_0}$$

式中　F_{b}——试样在断裂前的最大载荷，N；

　　　A_0——试样原始横截面积，mm^2。

脆性材料没有屈服现象，则用 $\sigma_{0.2}$ 作为设计依据。

4）塑性

金属材料在何意作用下产生塑性变形而不被破坏的能力，称为塑性。常用的塑性指标有伸长率和收缩率。

①伸长率

试样拉伸断裂时的绝对伸长量与原始长度的百分比称为伸长率，用 δ 表示，即

$$\delta = \frac{\Delta S}{l_0} \times 100\% = \frac{S_0 - S_1}{S_0} \times 100\%$$

式中　l_0——试样原标距长度，mm；

　　　l_1——试样拉断后标距长度，mm。

②断面收缩率

试样拉断后，试样断口处横截面积的缩减量与原横截面积的百分比，称为断面收缩率，用 ψ 表示，即

$$\psi = \frac{\Delta S}{S_0} \times 100\% = \frac{S_0 - S_1}{S_0} \times 100\%$$

式中　S_0——试样原始横截面积，mm^2；

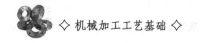

S_1——试样拉断后最小横截面积，mm^2。

δ,ψ 是衡量材料塑性变形能力大小的指标，δ,ψ 值越大表示材料塑性好，既能保证压力加工的顺利进行，又保证零件工作时的安全可靠。塑性好的材料不仅能顺利地进行锻造、轧制等成形工艺，而且在使用时如果超载能够产生塑性变形，可避免突然断裂。

（2）硬度

硬度是衡量金属材料软硬程度的指标。它是指金属表面抵抗局部弹性变形、塑性变形或抵抗破坏的能力，是检验毛坯或成品件、热处理事件的重要性能指标。常用的硬度试验方法有布氏硬度、洛氏硬度和维氏硬度。

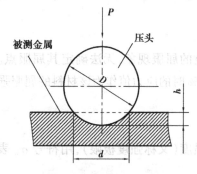

图 3.4　布氏硬度试验原理

1）布氏硬度

布氏硬度试验原理如图 3.4 所示。它是用一定直径的钢球或硬质合金球，以相应的试验力压入试样表面，经规定的保持时间后，卸除试验力，用读数显微镜测量试样表面的压痕直径，通过查表或计算得到硬度值。压头为淬火钢球时，布氏硬度用符号 HBS 表示，适用于布氏硬度值在 HBS450 以下的材料；压头为硬质合金球时，用 HBW 表示，适用于布氏硬度值在 HBS650 以下材料。符号 HBS 或 HBW 之后为硬度值。

布氏硬度试验的优点是测出的硬度值准确可靠，因压痕面积大，能消除因组织不均匀引起的测量误差。布氏硬度试验的缺点是用淬火钢球时，不能用来测量大于 HBW650；压痕大，不适宜测量成品件硬度，也不宜测量薄件硬度；测量速度慢，测得压痕直径后还需计算或查表。

2）洛氏硬度

洛氏硬度的测定是在洛氏试验机上进行的。它是以顶角为 120° 的金刚石圆锥体或直径为 1.588 mm 的淬火钢球作压头，以规定的试验力使其压入试样表面，根据压痕的深度确定被测金属的硬度值。洛氏硬度测定的原理如图 3.5 所示。根据所加的载荷和压头不同，洛氏硬度值有 3 种标度：HRA\HRB\HRC。常用 HRC，其有效范围是 HRC20 ~ 67。洛氏硬度值可直接从表盘上读出，洛氏硬度符号 HR 后面的数字为硬度值，后面的字母表示级数。如 HRC58 表示 C 标尺测定的洛氏硬度值为 58。

洛氏硬度试验操作简便、迅速、效率高，可以测定软、硬的硬度；压痕小，可用于成品检验。但压痕小，测量组织不均匀的金属硬度时，重复性差，而且不同的洛氏硬度标尺测得硬度值无法比较。

3）维氏硬度

维氏硬度试验原理与布氏硬度相同，同样是根据压痕单位面积上所受的平均载荷计量硬度值，不同的是维氏硬度的压头采用金刚石制成的锥面夹角为 360° 的正四棱锥体。如图 3.6 所示，试验时，根据试样大小、厚薄，选用适当载荷压入试样表面，保持一定时间后去除载荷，用附在试验机上测微计测量压痕对角线长度 d，然后通过查表得到维氏硬度。维氏硬

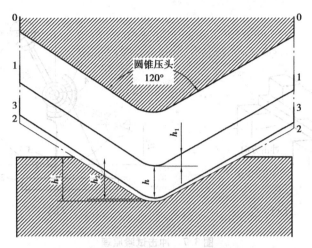

图3.5 洛氏硬度试验原理

度符号 HV 前是硬度值,符号 HV 后并附以试验载荷。如 640HV30/20 表示在 30×9.8 N 作用下保持 20 s 后测得的维氏硬度值为 640。

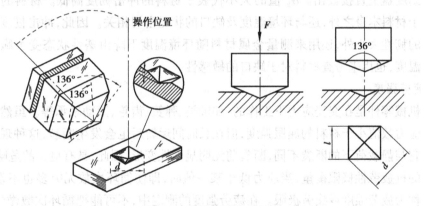

图3.6 维氏硬度试验原理

维氏硬度的优点是试验时加载小,压痕深度浅,可测量零件表面淬硬层,测量对角线长度 d 误差小;其缺点是生产率比洛氏硬度试验低,不宜于成批生产检验。

(3)冲击韧度

生产中,许多机器零件都是在冲击载荷(载荷以很快的速度作用于机件)下工作的。试验表明,载荷速度增加,材料的塑性、韧性下降,脆性增加,易发生突然性破断。因此,使用的材料就不能用静载荷下的性能来衡量,而必须用抵抗冲击载荷的作用而不破坏的能力,即冲击韧度 α_k 来衡量,α_k 越大表示材料的韧性越好。测量冲击韧性 α_k 目前应用最普遍的是摆锤冲击试验。将标准试样放在冲击试验机的两支座上,使试样缺口背向摆锤冲击方向(见图 3.7),然后把质量为 m 的摆锤提升到 H_1 高度,摆锤由此高度下落时将试样冲断,并升到 H_2 高度。因此,冲断试样所能消耗的功为

$$\alpha_k = mg(H_1 - H_2)$$

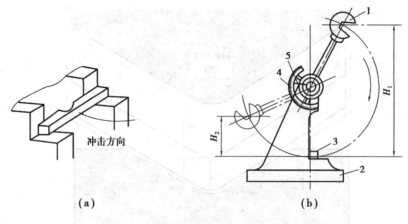

图 3.7　冲击试验原理
1—摆锤;2—机架;3—试样;4—刻度盘;5—指针

　　金属的冲击韧度 α_k（J/cm^2）就是冲断试样时在缺口处单位面积所消耗的功。α_k 值可从试验机的刻度盘上直接读出。α_k 值的大小代表了材料的冲击韧度高低。材料的冲击韧度除了取决于材料本身之外,还与环境温度及缺口的状况密切相关。因此,冲击韧度除了用来表征材料的韧性大小外,还用来测量金属材料随环境温度下降由塑性状态变为脆性状态的冷脆转变温度,也用来考查材料对于缺口的敏感性。

　　(4)疲劳强度

　　许多机械零件是在交变应力下工作的,如轴类、弹簧、齿轮、滚动轴承等。虽然零件所承受的交变应力数值小于材料的屈服强度,但在长时间运转后也会发生断裂,这种现象称为疲劳断裂。它与静载荷下的断裂不同,断裂前无明显塑性变形,因此,具有更大的危险性。

　　材料的抗疲劳性极限衡量,当应力低于某一值时,即使循环次数无穷多也不发生断裂,此应力值称为疲劳强度或疲劳极限。在疲劳强度的测定中,不可能把循环次数做到无穷大,而是规定一定的循环次数作为基数。常用钢材的循环基数为 10^7,有色金属和某些超高强度钢的循环基数为 10^8。疲劳破裂经常发生在金属材料最薄的部位,如热处理产生的氧化、脱碳、过热、裂纹部位;钢中的非金属夹杂物、试样表面有气孔或划痕等缺陷均会产生应力集中,使疲劳强度下降。为了提高疲劳强度,加工时要降低零件的表面粗糙度值和进行表面强化处理,如表面淬火、渗碳、氧化、喷丸等处理手段都可提高工件的疲劳强度。

3.2.2　合金钢

　　合金钢就是为了改善钢的组织和性能,在碳钢的基础上,加入一些元素而产生的钢。在冶炼时有意加入的元素称为合金元素。常见的合金元素有硅、锰、铬、镍、钼、钨、钒、钛、铝、硼及稀土(Re)等。

（1）合金元素在钢中的作用

1）形成合金铁素体

大多数合金元素都能融入铁素体，形成合金铁素体。随着合金元素的融入，铁素体的强度、硬度得到提高。

2）形成合金碳化物

有些合金元素能与碳形成合金碳化物。它们与碳的亲和力有强弱之分，从强到弱排列次序为钨、钼、镍、铬、锰、铁。当钢中同时存在几种碳化物的形成元素时，亲和力强的元素优先与碳化合。合金碳化物比渗碳体具有更高的硬度、耐磨性和熔点，受热时不易聚集长大，也难以融入奥氏体。当合金碳化物以细小粒状均匀分布时，能提高钢的强度、硬度和耐磨性，而不增加其脆性。

3）细化晶粒

大多数合金元素（锰除外）在加热时能细化奥氏体晶体，尤其是钒、铌、钛等强碳化物的形成元素，能使钢在较高的温度下仍保持细小的晶粒。

4）提高淬透性

除钴以外的大多数合金元素融入奥氏体后，能提高钢的淬透性。因此，合金钢工件在淬火时，通常采用冷却能力较小的淬火介质。

5）提高回火稳定性

淬火钢在回火时抵抗软化的能力，称为回火稳定性。在相同的温度下，硬度下降较低的钢回火稳定性就好。合金元素能够阻碍马氏体的分解，阻碍碳化物的聚集长大，提高钢的回火稳定性。

（2）合金钢的分类和牌号表示方法

1）合金钢的分类

①按用途分类

a. 合金结构钢。主要用于制造重要的机械零件不和工程结构件。

b. 合金工具钢。主要制造重要的刀具、量具和模具。

c. 特殊性能钢。用于制造有特殊性能要求的零件。

②按合金元素总的质量分数分类

a. 低合金钢。合金元素的总的质量分数小于5%。

b. 中合合金。合金元素总的质量分数为5%～10%。

c. 高合金钢。合金元素总的质量分数大于10%。

③按钢中主要合金元素分类

按钢中主要合金元素不同，可分为锰钢、铬钢、硼钢、铬镍钢及铬锰钢等。

2）合金钢的编号方法

我国合金钢牌号用"两位数字+元素符号+数字"的方法表示。前面两位数字表示钢中平均含碳量的万分数；元素符号表示钢中所含的合金元素；元素符号后面的数字表示该元素的平均质量分的百分数，当该元素的质量分数小于1.5%时，一般不加表示。对于合金工具

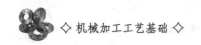

钢,当碳的平均质量分数小于1%时,用一位数字表示碳的平均质量的千分数;当碳的平均质量分数大于或等于1%时,不标含碳量数字。特殊合金钢的牌号表示方法与合金工具钢基本相同。滚动轴承钢在牌号前面加"G"("滚"字的汉语拼音首字母),铬含量以其质量分数的千分数来表示,碳的含量不标注。

（3）合金结构钢

1）低合金结构钢

低合金结构钢用来制造比较重要的工程结构。它是低碳结构钢,合金元素总量在3%以下,以 Mn 为主要元素。与碳素结构钢相比,它有较高强度,足够的塑性、韧性,良好的焊接工艺性能,较好的耐腐蚀性和低的冷脆转变温度。

为了保证有良好的塑性与韧性,良好的焊接性能和冷成形性能,低合金高强度结构中碳的质量分数一般均较低,大多数低于0.2%。合金元素的主要功能作用是:加入锰（为主加元素）、硅、铬、镍元素为强化铁素体;加入钒、铌、铝等元素为细化铁素体晶粒。低合金高强度结构适用于车辆、船舶、桥梁、建结构、压力容器等。

2）合金渗透钢

合金渗透钢主要用来制造工作中承受较强的冲击作用和磨损条件下的渗透零件。这类钢经渗透、淬火和低温回火后表面具有高的硬度和耐磨性,心部具有较高的迁都和足够的韧性。

合金渗透钢中的碳的质量分数一般为 0.10% ~ 0.25%,以保证渗透零件心部具有好的塑性和韧性。碳素渗透钢的淬透性低,热处理对心部的性能改变不大,加入合金元素铬、镍、硼等可提高钢的淬火性,改善心部性能。有些钢中还加钒、钛等元素,以细化晶粒,改善而处理工艺。20Cr,20CrMnTi 钢是用的合金渗透钢。20CrMnTi 钢淬火性不高,用于心部强度较高的小截面渗透件,如活塞销、小齿轮等。20CnTi 钢淬火性较高,可用于尺寸较大的高强度渗透零件,如汽车、拖拉机上的变速齿轮等。

合金渗透钢的热处理常采用渗透后淬再进行低温回火,使渗透件表面获得高碳的回火马氏体,以保证高硬度和耐磨性,而心部是低碳回火马氏体,具有足够的强度和韧性。

3）合金调质钢

合金调质钢是指调质处理后使用的合金结构,具有良好的综合力学性能。合金调质钢适用于制造一些重要零件,如机床的主轴、汽车底盘的半轴、柴油机连杆螺栓等。

合金调质钢碳的质量分数一般为 0.25% ~ 0.5%,以保证具有足够的强度和韧性。其主要元素有铬、镍、锰、硅、硼等,以增加淬火性、强化铁素体;钼、钨的主要作用使防止或减轻第二类回火脆性,并增加回火稳定性;钒、钛的作用是细化晶粒合金钢在锻造后改善切削加工性能应采用完全退火作为预热处理。最终热处理采用淬火后进行 500 ~ 650 ℃ 的高温回火,使钢件具有高的综合能力学性能。

40Cr,40MnB 钢是常用的合金调质钢,其淬火性与力学性能比 45 钢高,淬火变形和开裂倾向小,常用于尺寸较小的重要零件,如轴、齿轮、螺栓、蜗杆等。

38CrMoAl 钢使典型的合金调质钢,调质处理后得到极为优良的力学性能。它常用于制作对高硬度、高耐磨和变形量要求极高的精密零件,如精密齿轮、精密镗床主轴等。

4)合金弹簧钢

合金弹簧钢常用来制造尺寸较大、性能要求较高的弹性零件。合金弹簧钢的碳的质量分数一般为0.5%~0.7%,以保证高的强度和弹性极限。

根据弹簧成形与热处理方法的不同,弹簧钢可分为以下两种:

①热成形弹簧钢

弹簧丝直径或弹簧钢板厚度大于10~15 mm的螺旋弹簧或板弹簧采用热态成型,成形后利用余热进行淬火,然后中温回火具有高的弹性极限、高的屈强比硬度,一般为HRC42~48。

②冷成形弹簧

对于钢丝直径小于8~10mm的弹簧,常用冷拉弹簧钢丝冷卷成形。60Si2Mn是常用的合金弹簧钢,广泛用于制造汽车、拖拉机上的减振板簧、螺旋弹簧、测力弹簧等。

50CrVA是应用最广泛的铬、钒元素合金的弹簧钢,常用来制造承受重载荷的较大型弹簧,如轿车、载重汽车的板簧。

5)滚动轴承钢

滚动轴承钢是制造各种滚动轴承的滚珠、滚柱、滚针的专用钢,也可用作形状复杂的工具、冷冲工具、精密量具以及要求要求硬度高、耐磨性高的结构零件。一般的轴承用钢是高碳低铬钢,其碳的质量分数为0.95%~1.15%,属过共析钢,目的是保证轴承具有高的强度、硬度和足够的碳化物,以提高耐磨性。主加合金元素是铬,其作用主要是提高淬透性,使组织均匀,并增加挥霍稳定性。滚动轴承钢的纯度要求极高,硫、磷含量限制极严,属于高级优质钢。GCr15钢是最常用的滚动轴承钢。

(4)合金工具钢

合金工具钢按用途分为合金刃具钢、合金模具钢和合金量具钢。

1)合金刃具钢

刃具钢是用来制造各种切削刀具的钢,如车刀、铣刀、钻头等。对刃具钢的性能要求是高硬度、高耐磨性、高的红硬性(红硬是指钢在高温下保持高硬度的能力)、一定的韧性和塑性。

①低合金刃具钢

为了保证高硬度和耐磨性,低合金刃具钢的碳的质量分数为0.75%~1.45%,加入合金元素硅、铬、锰可提高钢的淬透性;硅、铬还可提高钢的回火稳定性,一般在300℃以下回火后硬度保持在HRC60以上,从而保证一定的红硬性。钨在钢中能使钢的奥氏体晶粒保持细小,增加淬火后给钢的硬度,同时还提高钢的耐磨性及红硬性。刃具毛坯经锻造后的预先热处理为球化退火,最终热处理采用淬火+低温回火。

常用的低合金刃具钢有9Si Cr钢和CrWMn钢。

9SiCr钢的淬透性比较好,截面尺寸小于50mm的工具在油中冷却即可淬透。其碳化物细小且分布均匀,主要用于制造刀刃细薄的低速切削刀具,如丝锥、板牙、铰刀等。

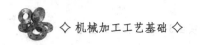

crWMn 钢淬火变形小,耐磨性好,适于制造要求淬火变形小、长而形状复杂的低速切削刀具,如拉刀、长丝锥、长绞刀等。

②高速钢

高速钢是一中红硬性、耐磨性较高的高合金工具钢,它的红硬性高达 600 ℃,可进行高速切削,故称为高速钢。高速钢具有高的强度、硬度、耐磨性及淬透性。高速钢的成分特点是含有较高的碳和大量形成碳化物的元素钨、钼、铬、钒、钴、铝等,碳的质量分数为 0.7% ~ 1.6%,合金元素总含量大于 10%。

常用的高速工具钢有 W18Cr4V 和 W18Cr4V 钢热处理性能和切削性能好,适用于制造一般的高速切削刀具,但不适合作薄刃的刀具。W6Mo5Cr4V2 钢的主要特点是韧性和塑形比较好,适合于制造承受冲击、振动较大的刀具。

2)合金模具钢

根据工作条件的不同,模具钢可分为冷作模具钢和热作模具钢。

①冷作模具钢

冷作模具钢用于制造在室温下使金属变形的模具,如冷冲模、冷镦模、拉丝模、冷挤压模等,它们在工作时承受高的压力、摩擦与冲击,因此,冷作模具要求具有高的硬度和耐磨性、较高强度、足够韧性和良好的工艺。

常用来制作冷作模具的合金工具钢中一部分为低合金钢工具,如 CrWMn9CrWMn,9Mn2V。

②热作模具钢

热作模具钢使用来制作加热的固态金属或液态金属在压力下成型的模具。前者称为热锻模或热挤压模,后者称为压铸模。

由于模具承受载荷很大,要求强度高模具在工作时往往还承受很大的冲击,因此,要求韧性好,既要求综合力学性能好,同时又要求有良好的淬透性和抗热疲劳性。

(a)热锻模具钢。包括锤锻模具钢、热挤压模热镦模和精锻模具钢。一般碳的质量分数为 0.4% ~ 0.6%,以保证淬火及中、高温回火后具有足够的强度与韧性。热锻模经锻造后需进行退火,以消除锻造内应力,均匀组织,降低硬度,改善切削加工性能。常用的热锻模具钢牌号是 5CrNiMo,5CrMnMo 等。

(b)压铸模钢。压铸模工作时与炽热金属接触时间较长,要求有较高的耐热疲劳性,较高的导热性,良好的耐磨性和必要的高温力学能力性能。此外,还需要具有耐高温金属液的腐蚀和冲刷的能力。常用压铸模钢是 3Cr2W8V 钢,具有高的热硬性和抗疲劳性。

3)合金量具钢

量具钢是用于制造游标卡尺、千分尺、量块、塞规等测量工件尺寸的工具用钢。量具在使用过程中与工件接触,受到磨损与碰撞,因此要求工作部分应有高硬度、耐磨性、尺寸稳定性和足够的韧性。量具的最终热处理主要是淬火、低温回火,以获得高硬度和耐磨性。对于高精度的量具,为保证尺寸稳定,在淬火与回火之间进行一次冷处理。

（5）特殊合金钢

特殊合金钢是指具有特殊的物理、化学性能钢。其种类较多,常用的特殊合金钢有不锈钢、耐热钢和耐磨钢。

1）不锈钢

在腐蚀性介质中具有耐腐蚀能力的钢,一般称为不锈钢。目前常用的不锈钢,按其组织状态组要分为马氏体不锈钢,铁素体不锈钢和奥氏体不锈钢三大类。

①马氏体不锈钢

常用马氏体不锈钢碳的质量分数为 0.1% ~ 0.4%,铬的含量为 11.5% ~ 14%,属铬不锈钢。淬火后能得到马氏体,故称马氏体不锈钢。

随着钢中碳的质量分数的增加,钢的强度、硬度、耐磨性提高,但耐腐蚀性下降。为了提高耐腐蚀性,不锈钢的碳量分数一般小于 0.4%。碳的质量分数较低的 1Cr13 和 2Cr13 钢,具有抗大气、海水、蒸汽等介质腐蚀的能力,塑性、韧性很好。它适用于制造在复试条件下工作、受冲击载荷的结构零件、如汽轮机叶片、各种阀、机泵等。碳的质量分数较高的 3Cr13,7Cr17 钢,经淬火后低温回火,得到回火马氏体和少量碳化物,硬度可达 HRC50 左右,适用于制造医疗手术工具、量具、弹簧、轴承及弱腐蚀条件下工作而要求高硬度的耐蚀零件。

②铁素体不锈钢

典型牌号有 1Cr17,1Cr17Mo 等。常用的铁素体不锈钢中,碳的质量分数小于 0.12%,铬的质量分数为 12% ~ 13%,这类钢从高温到室温,其组织均为单相其耐蚀性、塑性、焊接性均优于马氏体不锈钢,但强度比马氏体不锈钢低,主要用于制造耐蚀零件,广泛用于硝酸和氮肥制造设备中。

③奥氏体不锈钢

这类钢一般铬的含量为 17% ~ 19%,镍的含量为 8% ~ 11%,故简称 18-8 型不锈钢。其典型牌号有 0Cr19Ni9,1Cr18Ni9,0Cr18Ni11Ti 等。

2）耐热钢

耐热钢是抗氧化钢和热强钢的总称。

钢的耐热性包括高温抗氧化性和高温强度两方面的综合性。高温抗氧化性是指钢在高温下对氧化作用的抗力;高温强度是指钢在高温下承受机械载荷的能力,即热强性。因此,耐热钢即要求高温抗氧化性好,又要求高温强度高。

常用的耐热钢有 4Cr9Si2,4Cr10Si2Mo 钢,适用于受重载荷汽车发动机、柴油机的排气阀,故此两种钢又称为气阀钢;1Cr13,0Cr18Ni11Ti 钢既是不锈钢又是良好的热强钢。1Cr13 钢在 450 ℃ 左右和 0Cr18Ni11Ti 钢在 600 ℃ 左右都具有足够的热强性。0Cr18Ni11Ti 钢的抗氧化能力可达 850 ℃,是一种应用广泛的耐热钢,可用来制造高压炉的过热器、化工高压反应器等。

3）耐磨钢

耐磨钢用来制造在强烈冲击和严重磨损条件下工作的零件,如拖拉机履带、挖掘机的齿轮、铁路道岔等。典型的耐磨钢有 ZMn13,其 W_C = 0.9% ~ 1.5%,W_{Mn} = 11% ~ 14%。这种钢经水韧处理(淬火)后为单相奥氏体,硬度不高,塑性、韧性良好;当受到剧烈冲击和摩擦时,表面层将产生塑性变化而迅速强化,得到高的硬度和耐磨性,而心部仍保持奥氏体状态,能承受冲击。但这种钢只有受到强大的压力、强烈的冲击和摩擦条件下才耐磨。高锰钢由于表面层易得到强化,难以进行压力加工和切削加工,通常采用铸造方式成型。

3.2.3 钢的表面热处理

(1)钢的表面淬火

表面淬火是改变工件表面组织和性能,仅对工件表面进行淬火的工艺。

表面淬火工件心部仍保持原来的组织和性能。表面淬火不改变零件表面化学成分,只是通过表面快速加热淬火,改变表面层的组织来达到强化表面的目的。许多机械零件,如轴、齿轮、凸轮等,要求表面硬而耐磨,有高的疲劳强度,而心部要求有足够的塑性、韧性,采用表面淬火,使钢表面得到强化,能满足上述要求。预先热处理(正火或调制)以后再进行表面淬火处理,既可保持心部原有良好的综合力学性能,又可使表面具有高硬度和耐磨性。表面淬火后一般要进行低温回火,以减少淬火应力和降低脆性。表面淬火方法很多目前生产中最广泛的是感应加热表面淬火,其次是火焰加热表面淬火,

1)感应加热表面淬火

感应加热表面淬火是利用感应电流通过工件表面所产生的热效应,是表面加热进行快速冷却的淬火工艺。其原理是:把工件置于空心铜管绕成的感应器中,通入一定频率的交流电,以产生交变磁场,于是工件内部就会产生频率相同、方向相反的感应电流(涡流)。由于涡流的集肤效应,使靠近工件表面的电流密度大,而中心几乎为零。大量的电阻热,使工件表层迅速达到淬火温度(心部仍接近室温),随即快速冷却,即可达到表面淬火的目的,如图3.8所示。

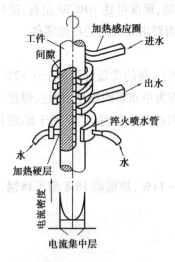

图 3.8 感应加热表面淬火示意图

所用电流频率主要有以下 3 种:

①高频感应加热,常用频率为 200 ~ 300 kHz,淬硬深度为 0.5 ~ 2 mm,适用于要求淬硬较薄的中、小型零件,如小模数的齿轮、小轴销等。

②中频感应加热,常用频率为 2500 ~ 8 000 Hz,淬硬层深度为 2 ~ 10 mm,适用于较大尺寸的轴和大、中数模的齿轮等。

③工频感应加热,电流频率为 50 Hz,硬化层可达 10 ~ 20 mm,适用于大尺寸的零件,如轮辊、火车车轮等。

感应加热淬火有以下特点:

①表面性能好,硬度比普通淬火高 HRC2 ~ 3,疲劳强度较高,一般工件可提高 20% ~ 30%。

②工件表面质量高,不易氧化脱碳,淬火变形小。

③淬硬层深度易于控制,操作易于实现机械化、自动化,生产率高。

2)火焰加热表面淬火

火焰加热表面淬火是以高温火焰作为加热源的一种表面淬火方法。常用火焰为乙炔-氧火焰(最高温度为3 200 ℃)或煤气-氧火焰(最高温度为2 400 ℃)。高温火焰将钢件表面迅速加热到淬火温度,随即喷水快冷使表面淬火硬。火焰加热表面淬硬层通常2~8 mm。火焰加热表面淬火设备简单,方法易行,但火焰加热温度不宜控制,零件表面易过热,淬火质量不够稳定。火焰淬火尤其适宜处理特大或特小件、异形工件等。

(2)钢的化学热处理

化学热处理是将金属或合金工件置于一定温度的活性介质中加热和保温,使介质中一部分或几种活性原子渗入工件里面,以改变表面层的化学成分和组织,使表面层具有不同于心部的性能的一种热处理工艺。

化学热处理的过程由分解、吸收和扩散3部分组成。分解时,活性介质析出活性原子,活性原子以溶入固溶体或化合物的方式被工件表面吸收,并逐步向工件内部扩散,从而形成一定的渗层。

化学热处理的种类和方法很多,最常见的有渗碳、氮化和碳氮共渗等。

1)渗碳

渗碳是将钢件在渗碳介质中加热并保温使碳原子渗入表层的化学热处理工艺。其目的使提高工件表面的硬度和耐磨性,同时保持心部的良好韧性。

如图3.9所示为气体渗碳示意图。常用渗碳材料碳的质量百分数一般为$W_C = 0.1\% \sim 0.25\%$的低碳钢和低碳合金钢,经过渗碳后,再进行淬火

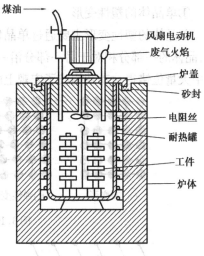

图3.9 气体渗碳示意图

（图中标注，从上到下：煤油、风扇电动机、废气火焰、炉盖、砂封、电阻丝、耐热罐、工件、炉体）

与低温回火,可在零件的表层和心部分别得到高碳钢组织。常用渗碳温度为900~950 ℃渗碳层厚度一般为0.5~2.5 mm。

2)氮化

氮化是在一定温度下,使活性氮原子渗入工件表面是化学热处理工艺,也称渗氮。其目的是提高工件表面的硬度、耐磨性、疲劳强度及耐蚀性。氮化广泛应用于耐磨性和精度均要求很高的零件,如镗床主轴、精密转动齿轮等;在循环载荷下要求高疲劳强度的零件,如高速柴油机曲轴;要求变形很小和具有一定抗热、耐蚀能力的耐磨件,如阀门、发动机汽缸以及热作模具等。氮化层很薄,一般不超过0.6~0.7 mm。因此,氮化往往是加工工艺路线中最后一道工序,氮化后至多再进行精磨。

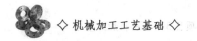
3)碳氮共渗

在一定温度下同时将碳、氮渗入工件表层奥氏体中,并以渗碳为主的化学热处理工艺,称为碳氮共渗。

碳氮共渗温度较高(850~880 ℃),是以渗碳为主的碳氮共渗过程,碳氮共渗热处理后要进行淬火和低温回火处理。共渗深度一般为0.3~0.8 mm,表面硬度可达 HRC58~64。碳氮共渗与渗碳相比,处理温度低且便于直接淬火因而变形小,共渗速度快、时间短、生产效率高、耐磨性高。它主要适用于汽车和机床齿轮、蜗轮、蜗杆和轴类等零件的热处理。

3.2.4 锻造生产简介

锻压是对金属坯料施加外力,使其产生塑性变形,以改变其尺寸、形状,用于制造机械零件或毛坯的成形方法。它是锻造和冲压的总称。金属的塑性变形是锻压加工的理论基础。

(1)金属的塑性变形

1)塑性变形的基本原理

①单晶体的塑性变形

单晶体的塑性变形主要通过单晶体的滑移形式来实现。滑移是指单晶体在切应力作用下,晶体的一部分相对于另一部分沿一定的晶面和晶向产生滑移现象,如图3.10所示。晶体中大量位错得一动就构成了宏观上的滑移。

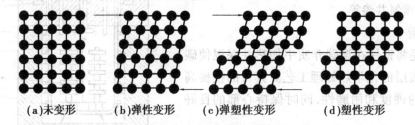

(a)未变形　　(b)弹性变形　　(c)弹塑性变形　　(d)塑性变形

图3.10　单晶体塑性变形过程

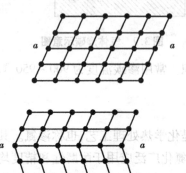

图3.11　晶体的孪生示意图

孪生变形是单晶体塑性的另一种形式。当作用在晶体的切应力达到一定数值时,晶体的一部分相对于另一部分发生切变,而且发生切变的部分与未切变部分的晶体结构呈对称形式分布,如图3.11所示。

②多晶体的塑性变形

多晶体是由许多位向不同的小晶体组成,由于每个晶体塑性变形都要受到周围晶体的制约和晶面阻碍,故多晶体塑性变形比单晶体复杂得多。多晶体的塑性变形一般和归纳为晶内变形和晶外变形两种形式。

A.晶内变形(晶体本身的塑性变形)

多晶体能够产生塑性变形的某些晶粒,在外力作用下按照单晶体的变形方式(滑移或孪生)进行变形。

B. 晶间变形(晶粒间的塑性变形)

多晶体中不能产生塑性变形的部分晶粒,在产生塑性变形晶粒的带动下,产生晶粒之间的移动或转动。移动或转动后的晶粒,往往因其晶体排列向与外力一致而变得能产生晶内滑移或孪生,于是塑性变形会继续进行下去。由此可知,多晶体的塑性变形抗力要比同种金属的单晶体高得多,而且晶界处原子排列越滚乱,受到的阻力越大,晶粒越细,晶界就越多,变形抗力就越大,金属的强度就越高。同时,晶粒越细,晶粒分布越均匀,越不容易造成应力集中,使金属具有较好的塑性和冲击韧度。因此,生产中常采用热处理或压力加工的方法细化晶粒提高金属的性能。

2)冷变形对金属组织结构和性能的影响

在塑性变形中,金属晶粒的形状会发生改变,由等轴晶粒变为扁平状或长条状。当变形度很大时,晶粒伸长成纤维状,称为冷变形纤维组织。在组织改变的同时,金属中的晶体缺陷会迅速增多。

金属组织的变化和晶体缺陷的增加,会阻碍位错的运动,从而导致金属的力学性能发生改变:随着变化程度的增加,金属强度和硬度升高,塑性和韧性下降。这种现象称为加工硬化。加工硬化是强化金属材料的重要手段之一,对于用于热处理不能强化的金属就更为重要。但是,加工硬化会使冷变形金属的进一步加工变得困难。

金属在塑性变形后,由于变形的不均与性以及造成的晶格畸变,内部会产生残余应力。残余应力一般是有害的,但是当工件表层存在残余应力时,可有效提高其疲劳寿命。表面滚压、喷压处理、表面淬火及化学热处理等都能使工件表层产生残余应力。

3)冷塑性变形金属在加热时的变化

对冷变形强化组织进行加热,变形金属将相继发生回复、再结晶和晶粒长大3个阶段的变化。

①回复

当加热温度不高时,金属原子的活动能力还不够大,但已能从不稳定位置恢复到稳定位置,使晶格歪扭现象消失,内应力也有所减小。此时的力学性能变化不大,强度略有下降,塑性略有回升,上述过程称为回复。对于纯金属,回复的温度条件为

$$T_{回} = (0.25 \sim 0.30)T_{熔}$$

式中　　$T_{回}$——回复温度,℃;

　　　　$T_{熔}$——金属的熔点,℃。

在生产中,利用回复处理来保持金属有较高强度和硬度的同时,还适当提高其韧性,降低内应力。如弹簧钢丝冷绕成形后,一般要经过去应力处理(250~300 ℃,0.5~1 h),其目的就是使冷变形钢丝产生回复,消除因晶格扭曲而产生的内应力,以稳定弹簧的形状和尺寸。

②再结晶

随着加热温度升高,原子活动能力增强,冷变形后金属被拉长了的晶粒重新生核、结晶,变为等轴晶粒,这一过程为再结晶。再结晶后,加工硬化和内应力完全消失,金属的性能恢

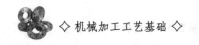

复冷变形之前的状况。纯金属的再结晶温度可计算为

$$T_{再} \approx 0.4 T_{熔}$$

式中　$T_{再}$——再结晶最低温度，℃；

　　　$T_{熔}$——金属材料的熔点，℃。

③晶粒长大

当加热温度超过再结晶的温度过多时，晶粒会明显长大，成为粗晶粒组织，使金属的力学性能下降。

4）金属的冷加工和热加工

①冷加工与热加工的界限

从金属学的观点划分冷、热加工的界限使在结晶温度。对某一具体的金属材料在其再结晶温度以上的塑性变形称为热加工；在其再结晶温度以下的塑性变形成为冷加工。显然，冷加工与热加工并不是以具体的加工温度的高地来区分的。例如，钨的最低再结晶温度约为 1 200 ℃，因此，钨即使在稍低于 1 200 ℃高温下的塑性变形仍属于冷加工；而锡的最低再结晶温度约为–71 ℃，因此，锡即使在室温下塑性变形仍属于热加工。在冷加工过程中，冷变形强化能使金属的可锻性趋于恶化。在热加工过程中，由于同时进行着再结晶软化过程，因此可锻性好，能够使金属顺利地进行大量的塑性变形，从而实现各种成形加工。

②热变形对金属组织和性能的影响

A. 改善钢锭和钢坯的组织和性能

通过热加工可使钢锭和钢坯的晶粒得到细化，气孔、缩松等缺陷得到焊合，组织致密度增加，化学成分不均匀的现象得到改善，从而提高钢的力学性能。

B. 形成热加工流线

在热加工时，金属的脆性杂质被打碎，顺着金属主要伸长方向呈碎粒状或链状分布；塑性杂质随着金属变形沿主要伸长方向呈带状分布，这样的金属组织就具有一定的方向性，通常称为热加工流线，也称锻造流线。锻造流线使金属性能呈现异向性，沿着流线方向（纵向）抗拉强度较高，而垂直于流线方向（横向）抗拉强度较低。生产中若能利用流线组织纵向强度高的特点，使锻件中的流线组织连续分布并且与其受力方向一致，则会显著提高零件的承载能力。锻压成形的曲轴中，其流线的分布是合理的。吊钩采用弯曲工序成形时，就能使流线方向以吊钩受力方向一致，从而可提高吊钩承受拉伸载荷的能力。用局部镦粗成形螺钉，其流线分布合理。

(2)金属的可锻性

1)可锻性的概念

金属的可锻性是衡量金属材料经受锻压加工能力的工艺性能。金属材料的可段性可用其塑性和变形抗力来综合衡量。塑性越高，变形抗力越小，金属的可段性就越好。

2）影响可锻性的因素

①化学组分和组织结构的影响

金属或合金的化学成分不同，其可锻性也不同。纯金属比合金的塑性高，而且变形抗力较小，故纯金属的可锻性比合金好。钢中合金元素的含量越高，其塑性越低，且变形抗力增大，因此当碳的含量相同时，合金钢的可锻性比碳钢差。

金属的组织状态不同，其可锻性也不同。单一固溶体比金属化合物的塑性高，变形抗力小，可锻性好。同样单一固溶体组织，晶格类型不同可锻性也不同，具有面心立方晶格的奥氏体，其塑性比具有体心立方晶格的铁素体高，比机械混合物的珠光体更高，因此钢材大多加热至奥氏体状态进行锻压加工。

②工艺条件的影响

a.变形温度 变形温度对金属材料的可锻性影响很大。一般来说，在晶粒不发生显著长大的条件下，温度越高，金属中原子间的结合力越小，因而变形抗力减小，可锻性提高。

b.变形速度 单位时间内产生的变形量称为变形速度。变形速度增大时，塑性下降，变形抗力增加，因而可锻性变差，这是因为金属的变形强化来不及通过再结晶消除的缘故。但是，当变形速度提高到一定程度时，由于消耗于塑性变形的能量转化为热量，使变形中的金属温度有所升高，其可锻性会有所提高。

c.应力状态 不同的变形方式，金属内部所处的应力状态也不同。金属在挤压成形时，由于3个方向均受压应力，因此金属不容易产生裂纹，从而呈现出较高的塑性。但是，挤压变形时的变形抗力也大大提高。金属在拉拔变形，两个方向受压应力，在拉拔方向上受拉应力。当拉应力大于材料的抗拉强度 σ_b 时，材料上就会出现裂纹或断裂。因此，每次拉拔时的变形量要控制在一定程度之内。

综上所述，金属的可锻性受到许多内因和外因的影响。在锻压加工时，要力求创造最有利的变形条件，充分发挥材料的塑性潜力，降低变形抗力，以达到优质高产的目的。

（3）锻造工艺过程

1）坯料的加热

为了提高金属的锻造性能，坯料在形成前必须加热。锻造应在一个合适的温度范围（即锻造温度范围内）进行，以保证金属有良好的锻造性能并减少锻造缺陷。锻造温度范围是指坯料开始锻造时的温度（称为始锻温度）和终止锻造时的温度（称为终锻温度）之间的一个温度区间。为了扩大锻造温度范围，减少加热次数，始锻温度应适当高些，终锻温度应适当低些。但过高的始锻温度会使晶粒过分粗大，降低锻造性能，甚至在晶界上出现氧化或熔化现象（称为过热），使锻件报废；过低的终锻温度会使锻件产生加工硬化甚至开裂。

2）锻造成形

金属加热后，就可锻造成形，根据锻造时所用设备、工模具及成形方式的不同，可将锻造成形分为自由锻成形、模锻成形和胎模锻成形等。

3）锻件的冷却、检验与热处理

锻件锻造成形后，通常尺寸、形状复杂程度等来确定相应的冷却方式。以适当的方式冷

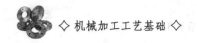

却锻件表面硬度过高而难以切削加工,或使锻件中产生内应力。一般分为空冷、炉冷、坑冷3种。中、低碳钢小型锻件常采用合金钢锻件及截面宽大的锻件则需要放入坑中或埋在砂、石灰合金钢锻件及大型锻件的冷却速度要缓慢,通常都采用随炉缓锻后的零件或毛坯要按图样要求进行检验。经检验合格的钢锻件采用退火或正火处理;工具钢锻件采用正火或球化退火理的中碳钢或合金结构钢锻件可进行调质处理。

4)锻件缺陷的形成及预

①加热时产生的缺陷

a.氧化金属坯料一般在加热时与炉中氧化性气体发生反应,其结果是形成氧化皮。氧化不但会使材料烧损,而且严重时危害锻件的时间越长,氧化越严重。严格控制炉温、快速加热、向炉内送入空中加热是减少氧化的有力措施。

b.脱碳加热时坯料表层的碳与氧等介质发生化学反应。脱碳会使表层硬度降低,耐磨性下降。如脱碳层厚度小于机械损害;反之则会影响锻件质量。采用快速加热、在坯料表层涂保护介质中加热都会减缓脱碳。

c.过热金属坯料加热温度超过始锻温度,并在此温度迅速长大现象。过热会使坯料塑性下降,锻件力学性能降低。

短高温阶段的保温时间可防止过热。

d.过烧坯料加热温度接近金属的固相线温度,并在此边界出现氧化及形成易熔氧化物的现象。过烧后,材料的强度严重降低,一经锻打即破碎成废料,是无法挽救的。因此,锻造过程中要严格控制加热温度,防止发生过烧现象。

e.裂纹大型锻件加热时,如果装炉温度过高或加热速差过大,造成应力过大,从而导致内部产生裂纹的现象。因此,防止装炉温度过高和加热速度过快,一般应采取预热措施。

②冷却时产生的缺陷

A.外形翘起

锻造过程中如果冷却速度较快等因素,造成内应力过大,会使锻件的轴心线产生弯曲,锻件即产生翘曲变形。对于一般的翘曲变形是可以矫正过来的,但要增加一道修整工序。

B.冷却裂纹

断后快速冷却时应力增大,且金属坯料正从高塑性趋向低塑性,如果应力过大,会在锻件表面产生向内延伸的裂纹。深度较浅的裂纹是可以清除掉的,但若裂纹的深度超过加工余量时,锻件便成为废品。此外,不恰当的冷却还会使锻件的表面硬化,给切削加工带来困难。

除以上两种缺陷外,还会在锻造过程中产生一些缺陷。如胎模锻时由于合模定位不准等原因,造成沿分模面的上半部相对于下半部的"错差"现象等。通过必要的质量检查和缺陷分析,就可找到减少或防止锻件缺陷、提高锻件质量的途径。

(4)锻压方法

1)自由锻

只用简单的通用性工具,或在锻造设备的上、下铁之间直接使坯料变形而获得所需的几何形状及内部质量的锻件,这种方法称为自由锻。自由锻可加工各种大小的锻件,对于大型锻件,自由锻是唯一的生产方法。另外,自由锻生产准备的时间较短。但自由锻生产率低,劳动强度大,而且锻件形状简单,精度低,加工余量大,故适用于单件小批量生产。

①自由锻设备

A. 空气锤

空气锤是以压缩空气为工作介质,驱动锤头上下运动而进行工作的,其吨位一般为50~750 kg,主要用于小型锻件生产。

B. 蒸汽-空气自由锻锤

蒸汽-空气自由锻锤是以蒸汽或压缩空气为工作介质,驱动锤头上下运到而进行工作的,其吨位一般为1~5 t,主要用于锻造中型或较大型的锻件。

C. 水压机

水压机是利用高压水形成的巨大的静压力使金属变形的,主要用于大型锻件的生产。

②自由锻基本工序

A. 镦粗

镦粗是使毛坯高度减少,横断面积增大的锻造工序。有完全镦粗和局部镦粗两种,如图 3.12 所示。为了防止镦弯,要求坯料的高度 H_0 以其直径 D_0 之比 $H_0/D_0 < 2.5$,常用于锻造齿轮坯、圆饼类锻件。

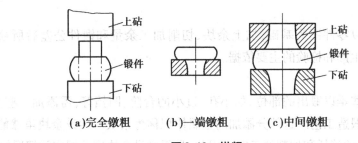

(a)完全镦粗 (b)一端镦粗 (c)中间镦粗

图 3.12 镦粗

B. 拔长

拔长是使坯料横断面积减小、长度增加的锻造工序。可分为平钻上拔长和在心轴上拔长两种,如图 3.13 所示。在心轴上拔长方法可使空心坯料的长度增加,壁厚减小,而内径不变,常用于锻造套筒类长空心锻件。在平钻上拔长常用于锻造轴杆类锻件。

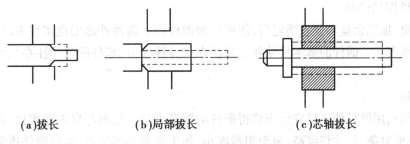

(a)拔长 (b)局部拔长 (c)芯轴拔长

图 3.13 拔长

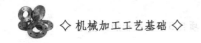

C. 冲孔

冲孔是利用冲头在镦粗后的坯料上冲出透孔或透孔的锻造工序。常用于锻造杆类、齿轮坯、环套类等空心锻件。较薄的坯料可单面冲孔,如图 3.14 所示。较厚的坯料需双面冲孔。

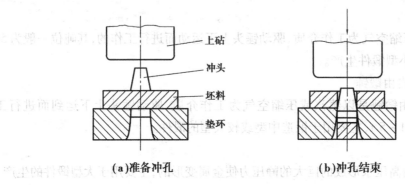

（a）准备冲孔   （b）冲孔结束

图 3.14　冲孔

D. 扩孔

扩孔是减小空心坯料的厚度而增大其内、外径的锻造工序。扩孔可分为冲头扩孔和芯棒扩孔两种。冲头扩孔时,首先冲出较小的孔,然后用直径较大的冲头逐步将孔扩大到要求的尺寸。如果孔很大时,可采用芯棒扩孔。冲孔和扩孔用来生产环套类锻件。

③自由锻件图

自由锻件图是以零件图为基础,加上余块、切削加工余量和锻件公差后所绘制成的图样。锻件图是锻件生产和检验的主要依据。

A. 余块

锻件上常有一些难以锻出的部位,如小孔、过小的台阶、凹挡等,需添加一些金属体积,以简化锻件外形和锻造工艺。这部分添加的金属体积称为余块。增设余块虽然能方便锻造成形,但也增加金属的消耗和切削加工时。因此,是否增设余块应根据实际情况综合考虑。

B. 加工余量和锻件公差

自由锻件表面质量和尺寸精度较差,一般都需进行切削加工,因此要留出加工余量。零件的尺寸加上加工余量所得的尺寸称为锻件的基本尺寸。规定的锻件尺寸的允许变动量称为锻件公差。加工余量和锻件公差的确定可查阅有关手册。

C. 锻件图的绘制

当余块、加工余量和公差确定后,便可绘制锻件图。锻件外形用粗实线表示,零件外形用双点画线表示。锻件的基本尺寸和公差注在尺寸线上方,零件的尺寸注在尺寸线下方的圆括号内。

2）模锻

模锻是利用模具使坯料变形而获得锻件的锻造方法。模锻与自由锻相比,具有生产率高、锻件外形复杂、尺寸精度高、表面粗糙度小、加工余量小等优点,但模锻件质量受到设备能力的限制一般不超过 150 kg,模锻制造成本高。模锻适合于中小锻件的大批量生产。模锻方法很多,常用的有锤上模锻。

①锤上模锻设备

锤上模锻常用的设备为蒸汽-空气模锻锤,其工作原理与蒸汽–空气自由锻锤基本相似,同样,吨位一般为 1 ~ 5 t,模锻件质量为 0.5 ~ 150 kg。

②锻模结构

锻模结构如图3.15所示。上模紧固在锤头上,下模紧固在模垫上。上、下模的分界面称为分模面,上、下模之间的空腔称为模膛。模锻时,将加热好的坯料放在下模膛中,上模随锤头向下运动,当上、下模合拢时,坯料充满模膛,多余的坯料流入飞边槽,取出后得到带飞边的锻件。在切边模上切去飞边,得到所需锻件。

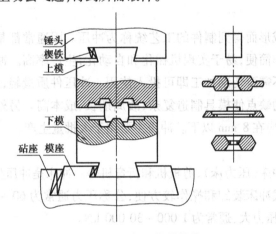

图 3.15　锤上锻模结构

③锻模模膛

模膛通常分为制坯模膛、预锻模膛和终锻模膛。形状复杂的锻件需先经制坯模膛锻打后才能放入预锻模膛。坯料经预锻后,形状、尺寸进一步接近锻件,最后经终锻模膛终锻成形,成为带飞边的锻件。

④连皮

带通孔的锻件在锻打过程中不能直接形成通孔,总是留下一层金属,称为连皮。连皮需在模锻后立即冲去。切边和冲去连皮后的锻件应进行校正。

3)胎模锻

胎模锻是在自由锻设备上使用可移动模具(胎模)生产模锻件的一种锻造方法。胎模不固定在锤头或砧座上,只是在用时才放上去。在生产中、小型锻件时,广泛采用自由锻制坯、胎模锻成形的工艺方法。胎模锻的工艺过程如图3.16所示。坯料先经自由锻初步成形,然后放入胎模,经锤头锻打成形。

胎模锻与自由锻相比,具有生产率高,锻件尺寸比较精确,表面比较光洁,形状比较复杂等优点;与模锻相比,则有设备简便和工艺灵活等优点。胎模锻主要用于小型锻件的中、小批量的生产。

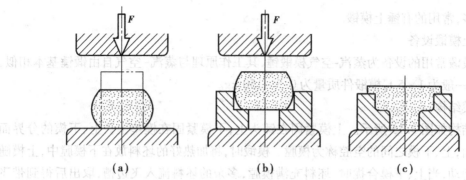

图 3.16　胎模锻工艺过程

4) 冲压

使板料经分离或成形而得到制件的工艺统称为冲压。因通常都是在冷态下进行的,故称为冷冲压。冲压操作简便,易于实现机械化和自动化,生产率高。冲压件精度高,表面质量好,互换性好,一般不需要切削加工即可投入使用。冲压件质量轻,强度、刚度高,有利于减轻结构质量。冲压的缺点使模具制造复杂,故周期长、成本高。另外,冷冲压所用板材应具有良好的塑性,厚度应在 8 mm 以下。冲压主要用于大批量生产。

① 冲压设备

冲压设备主要有冲床(压力床)、剪板机和折弯机等。冲床是冲压生产的基本设备,又分开式和闭式两种。开式冲床装卸和操作较方便,公称压力通常为 60 ~ 2 000 kN。闭式冲床操作不够方便,但公称压力大,通常为 1 000 ~ 30 000 kN。

② 冲压的基本工序

冲压的基本工序可分为分离和成形两大类。分离工序是指使坯料的一部分与另一部分相互分离的工序,如切断、落料、冲孔、切口、切边等;成形工序是指使板料的一部分相对另一部分产生位移而不破裂的工序,如弯曲、拉深等。

A. 冲裁

其是指利用冲模将板料以封闭轮廓与坯料分离的工序,包括落料和冲孔。冲裁时,如果落下部分是零件,周边是废料,称为落料;如果周边是零件,落下部分是废料,称为冲孔,如图3.17 所示。

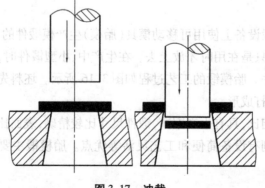

图 3.17　冲裁

　　板料的冲裁过程如图3.18所示。当凸模并压住坯料时,坯料发生弹性变形并弯曲。随着凸模下压,坯料便产生塑性变形,并在刃口附近出现细微裂纹。凸模继续下压,上、下裂纹逐渐扩展直至相连,坯料即被分离。为了顺利完成冲裁过程,凸模和凹模的刃口必须锋利,并且两者之间应有合适的间隙。间隙过大或过小,度会降低冲裁质量。

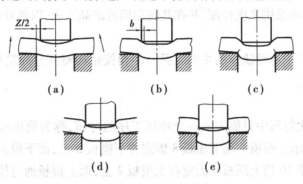

图3.18　冲裁过程

　　落料前应考虑料件在板料上如何排列,称为排样。通常的排样方法有搭边排样和无搭边排样两种,如图3.19所示。采用有搭边排样的冲裁件切口光洁,尺寸精确;无搭边排样法废料最少,但切口精度不高。

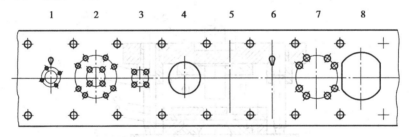

图3.19　落料

　　B. 弯曲

　　弯曲是将板料、型材或弯矩作用下,弯成具有一定曲率和角度的制作的成形方法。板料放在凹模上,当凸模把板料向凹模压下时,材料弯曲半径逐渐减小,直至凹、凸模与板料完全吻合为止。弯曲时,变形只发生在圆角部分,其内侧受压易变皱,外侧受拉易开裂。为了防止弯裂,弯曲模的弯曲半径要大于限定的最小半径 r_{min}。通常 $r_{min} = (0.25 \sim 1)\delta$,$\delta$ 为金属板料厚度。此外,弯曲时应尽量使弯曲线与坯料中的流线方向相垂直,如弯曲线与流线方向相平行,则坯料在弯曲时开裂。弯曲后,由于弹性变形的恢复,工件的弯曲角会有一定增大,称为回弹。为保证合适的弯曲角,在设计弯曲模时,应使模具弯曲角度比成品的弯曲角度小一个回弹角。

　　C. 拉深

　　拉深是利用模具使板料成形为空心件的冲压方法。拉深时板料在凸模作用下,逐渐被压入凹模,形成空心件。

　　在拉深过程中,为防止工件起皱,必须使用压边圈以适当的压力将坯料压在凹模上。为

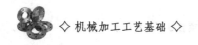

了防止工件被拉裂,要求拉深模的顶角以圆弧过渡;凹、凸模之间留有略大于板厚的间隙;确定合理的拉深系数 m。m 是空心件直径 d 与坯料直径 D 之比,即

$$m=d/D$$

其中,m 越小,坯料变形越严重。对于一次拉深成形的空心件,一般取 $m=0.5\sim0.8$。对于深度较大的拉深件,可采用多次拉深,并在其间穿插再结晶退火,以恢复材料塑性。

③冲模

冲模是冲压生产中不可缺少的主要工具。冲模按结构特征分为简单模、连续模和复合模 3 种。

A. 简单模

在压力机的一次行程中只能完成一个冲压工序的冲模,称为简单模。简单落料冲孔模的结构如图 3.20 所示。凹模 7 用下压板 8 固定在下模板 5 上,而下模板又用螺栓固定在压力机工作台上。凸模 10 用上压板 6 固定在上模板 2 上,而上模板通过模柄 1 与压力机滑块相连,因此凸模能随滑块上下运动而冲裁。上、下模上分别装有导套 3 和导力机滑块相连,因此凸模能随滑块上下运动而实现冲裁。上、下模上分别装有导套 3 和导柱 4,以保证其对准。定位销 11 控制条料的送进量。卸料板 12 能防止条料卡在凸模上。简单模结构简单,制造容易,但精度不高,生产率较低,适于小批量生产。

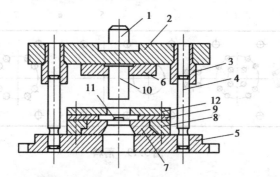

图 3.20　简单落料冲孔模的结构

1—模柄;2—上模板;3—导套;4—导柱;5—下模板;6—上压板;
7—凹模;8—下压板;9—导板;10—凸模;11—定位销;12—卸料板

B. 连续模

在压力机的一次行程中,在模具的不同部位上同时完成数个冲压工序的冲模,称为连续模,连续模生产率高,易于实现自动化,但制造比较复杂,成本也较高,适用于一般精度工件的大批量生产。

C. 复合模

在压力机的一次行程中,在模具的同一位置完成两个以上冲压工序的冲模,称为复合模。复合模能保证较高的零件精度,但结构复杂,制造困难,故适用于高精度工作的大批量生产。

任务 3.3   齿轮轴零件的加工

3.3.1   齿轮轴零件的加工工艺

（1）工件的安装和夹具

①齿轮轴圆柱面粗加工、半精加工阶段采用项目 2 中的方法，即平端面、打顶尖孔后采用三爪卡盘夹一端，顶尖顶另一端的安装方法；精加工阶段采用以两中心孔定位装夹工件；具体夹具使用见项目 2 相关内容。

②齿轮轴属于轴类毛坯，在铣 5N8 mm 键槽时以两轴颈定位利用分度盘装夹工件，另一端用顶尖顶紧，滚齿时也采用同样的方法，以轴颈定位装夹工件，这时要求在轴颈处采用表面保护措施，以免破坏其表面粗糙度。

（2）齿轮轴零件工艺过程

1）齿轮轴机械加工工艺过程

①下料，切下 $\phi36\times160$ 圆钢一段。

②车，夹一端，车端面，钻中心孔，一夹一顶车右端，直径留余量 2 mm；掉头，车端面，去总长，打中心孔，一夹一顶车左端，直径留余量 2 mm。

③热处理。

④研磨中心孔。

⑤半精车，双顶，$\phi20$ m6 及锥面留余量 0.6 mm，其余车到尺寸，车螺纹，切槽，倒角 C2。

⑥磨削。

⑦划键槽基准线，加工线。

⑧铣键槽。

⑨滚齿轮。

⑩去毛刺，检验。

2）工艺分析

①工序安排热处理调质处理后，再进行精车、磨削加工，以保证加工质量稳定。

②精车、粗磨、精磨工序均以两中心孔定位装夹工件，其定位基准统一，可更好地保证零件的加工质量。

③以工件两中心孔为定位基准，检查，$\phi20$ m6，$\phi34$，$\phi20$ m6 这 3 处轴径外圆对公共轴心线 A-B 的圆跳动 0.025 mm。

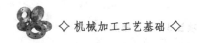

3.3.2 齿轮轴零件的加工机床与刀具

(1)齿轮加工机床

1)滚轮机

其是用滚刀按展成法加工直齿、斜齿和人字齿轮以及蜗轮的齿轮加工机床。这种机床使用特制齿形的工件。普通滚轮机的加工精度为 7～6 级(JB179—83),高精度滚齿机为 4～3 级。最大加工直径达 15 m。

滚齿机按布局分为立式和卧式两类。如图 3.21 所示,立式滚齿机工作时,滚刀装在滚刀主轴上,由主电动机驱动作旋转运动,刀架可沿立柱导轨垂直移动,还可绕水平轴线调整一个角度。工件装在工作台上,由分度蜗轮副带动旋转,与滚刀的运动一起构成展成运动。滚切斜齿时,差动机构使工件作相应的附加转动。工作台(或立柱)可沿床身导轨移动,以适应不同工件直径和作径向进给。有的滚齿机的刀架还可沿滚刀轴线方向移动,以便用切向进给法加工蜗轮。

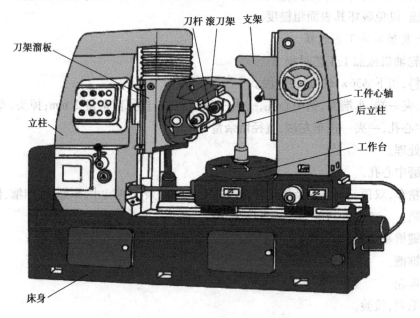

图 3.21　Y3150E 型滚齿机外形图

2)插齿机

插齿机是使用插齿刀按展成加工内、外直齿和斜齿圆柱齿轮以及其他齿形件的齿轮加工机床。主要用于加工多联齿轮和内齿轮,加附件后还可加工齿条。在插齿机上使用专门刀具还能加工非圆齿轮、不完全齿轮和内外成形表面,如方孔、六角孔、带键轴(键与轴联成一体)等。加工精度可达 7～5 级(JB179—83),最大加工工件直径达 12 m。

插齿机分立式和卧式两种,前者使用最普通。如图 3.22 所示,在立式插齿机上,插齿刀装在刀具主轴上,同时作旋转运动和上下往复插削运动;工件装在工作台上作旋转运动,工作台(或刀架)可横向移动实现径向切入运动。刀具回程时,刀架向后稍作摆动实现让刀运动(见图 3.23 刀具让刀),或工作台作让刀运动。加工斜齿轮时,通过装在主轴上的附件(螺旋导轨)使插齿刀随上下运动而作相应的附加转动。20 世纪 60 年代出现高速插齿机,其主要特点是采用硬质合金插齿刀,刀具主轴的冲程数高达 2 000 次/min;采用静压轴承(见液体静压轴承)和静压滑块;由刀架摆动让刀,以减少冲击。卧式插齿机具有两个独立的刀具主轴,水平布置作交错往复运动,主要用来加工无空刀槽人字齿轮和各种轴齿轮等。

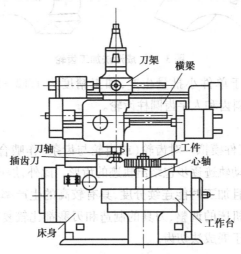

图 3.22 Y 型插齿机外形图

3)剃齿机

剃齿机是用齿轮状的剃插刀按螺旋齿轮啮合原理由刀具带动工件(或工件带动刀具)自由旋转对圆柱齿轮进行精加工的齿轮加工机床。用于对预先经过滚齿或插齿的硬度不大于HRC48 的直齿或斜齿轮进行剃齿(见齿轮加工),加附件后还可加工内齿轮。被加工齿轮最大直径可达 5 m,但以 500 mm 以下的中等规格剃齿机使用最广。剃齿精度为 7~6 级(JB178—83),表面粗糙度为 $R_a0.63 \sim 0.32\ \mu m$。

大型剃齿机由工件带动剃齿刀旋转,刀具作轴向移动。双面剃齿时,刀具作径向进给;单面剃齿时,须在刀具主轴上加一制动扭矩。

(2)齿轮加工方法

齿轮加工的主要方法可分为无屑加工和切屑加工两大类。无屑加工包括热轧、冷轧、压铸、注塑、粉末冶金等方法。无屑加工具有生产率高、材料消耗小和成本低等优点,但由于受材料塑性等因素的影响,加工精度不够高。精度较高的齿轮主要是通过切削加工来获得。按齿面切削加工原理的不同,又可分为成形法和展成法两大类。

1)成形法

它是利用与被加工齿轮齿槽法面截形相同的刀具齿形,在齿坯上加工出齿面。成形铣削齿轮一般是在铣床上进行的,如图 3.23 所示。铣削时,工件安装在分度头上,铣刀旋转对工件进行切削加工,工件台作直线进给运动,加工完一个齿槽将工件转过一个齿,再加工另一个齿槽,依次加工出所有齿槽。

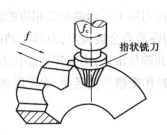

图 3.23 成形法加工齿轮

成形法铣齿一般用于单件小批量生产,加工精度为 IT12—IT9 级,表面粗糙度值为 $R_a6.3 \sim 3.2$ μm 的直齿、斜齿和人字齿圆柱齿轮。

2)展成法

加工齿面时刀具与工件模拟一对齿轮(或齿轮与齿条)作啮合运动(展成运动)。在运动过程中,刀具齿形的运动轨迹逐步包络出轨迹的齿形。此外,展成法可用一把刀具切出同一模数而不同的齿轮,而且加工时能连续分度,具有较高的生产率。但是,展成法需在专门的齿轮机床上加工,而且机床的调整、刀具的制造和刃磨都比较复杂,一般用于成批和大量生产。滚齿、插齿等都属于展成法切齿。

①滚齿

滚齿是在滚齿机上进行的,滚齿过程中,刀具与工件模拟一对交错轴螺旋齿轮的啮合运动。齿轮滚刀本质上是一圆柱斜齿轮,当滚刀与工件按如图 3.24 所示完成所规定的连续的相对运动,即可依次切出齿坯上全部齿槽。

滚齿加工主要有以下特点:

a.适应性好,用一把铣刀可以加工相同模数、齿形但齿数不同的齿轮。

b.生产效率高,滚齿加工属于连续切削,没有空行程损失,并且可采用多铣刀来提高滚齿的效率,从而提高生产率。

c.滚齿加工的齿轮齿距偏差小。

d.滚齿加工的齿轮表面粗糙度较大。

e.滚齿加工主要用于生产圆柱直齿轮、圆柱斜齿轮和蜗轮,不能加工内齿轮和多联齿轮。

②插齿

在展成法中,插齿加工也是一种应用广泛的方法。它一次可完成齿槽的粗加工和半精加工,其加工精度一般为 7 ~ 8 级,表面粗糙度值为 $R_a1.6$ μm。

插齿的加工过程是模拟一对直齿圆柱齿轮的啮合过程。插齿刀所模拟的那个齿轮称为铲形齿轮。插齿时,刀具沿工件轴向作高速往复直线运动,形成切削加工的主运动,同时还与工件作无间隙的啮合运动,从而在工件上加工出全部轮齿齿廓。在加工过程中,刀具每往复运动一次仅切出工件齿槽的很小一部分。工件齿槽的齿形曲线是由插齿刀刀刃多次切削

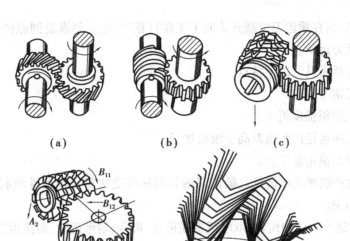

图 3.24　滚齿原理

的包络线形成的,如图 3.25 所示。插齿加工时,机床必须具备以下运动。

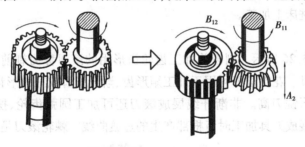

图 3.25　插齿原理

A. 主运动

插齿刀如图 3.25 所示作上下往复运动,向下为切削运动,向上为返回的退刀运动。

B. 展成运动

在加工过程中,必须使插齿刀和工件保持一对齿轮的啮合关系,即刀齿转过一个齿,工件应准确地转过一个齿,刀具和工件两者的运动组成一个复合运动——展成运动。

C. 径向进给运动

为使刀具逐渐切至工件的全齿深,插齿刀必须作径向进给。径向进给量是插齿刀每往复运动一次径向移动的距离,当达到全齿深后,机床便自动停止径向进给运动。这时工件必须再转动一周,才能加工出全部完整的齿形。

D. 圆周进给运动

圆周进给运动是插齿刀的回转运动。插齿刀每往复行程一次,同时回转一个角度。

E. 让刀运动

为了避免插齿刀在回程时擦伤已加工表面和减少刀具磨损,向上行程刀具和工件之间

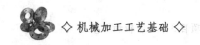

应让开一段距离,而在插齿刀重新开始向下工作行程时,应立刻恢复到原位。这种让开和恢复的动作称为让刀运动。

与滚齿相比插齿具有以下特点:

a.齿形加工精度高。

b.齿面的表面粗糙度值小。

c.插齿加工的齿轮齿距偏差高于滚齿加工。

d.齿向偏差比滚齿加工大。

e.插齿的生产效率比滚齿低。插齿刀的切削速度受往复运动惯性限制难以提高,此外插齿有空行程损失。

f.插齿非常适合加工内齿轮、双联或多联齿轮、齿条、扇形齿轮,而滚齿加工无法实现。

(3)齿轮加工刀具的选用与安装

1)齿轮加工刀具的种类及选用

①铣刀

铣刀的种类很多,有圆柱平面铣刀、端铣刀和成型铣刀等。用成型铣刀铣工件上的成形表面也较为常见,当模数 $m<8$ 时,用盘形齿轮铣刀在卧式铣床上加工;当模数 $m=8$ 时,用指状模数铣刀在立式铣床上加工。

②滚刀

常见滚刀如图3.26所示。剃齿前加工齿轮齿形用的滚刀称为剃前滚刀。蜗轮滚刀为常用的蜗轮加工刀具。花键滚刀可用于加工矩形齿、渐开线齿或三角形齿的花键轴,其加工精度和生产率较成形铣刀高。非渐开线展成滚刀还可加工圆弧齿轮、摆线齿轮和链轮等。成形滚刀可避免用展成刀具加工时齿根部产生的过渡曲线。棘轮滚刀是常用的定装滚刀。

图3.26 齿轮滚刀

③插齿刀

它是齿轮形或齿条形齿轮加工刀具。插齿刀用于按展成法加工内、外啮合的直齿和斜齿圆柱齿轮。插齿刀的特点是可以加工带台肩齿轮、多联齿轮和无空刀槽人字齿轮等。如图3.37所示,插齿刀按外形可分为盘形、碗形、筒形及锥柄4种。盘形插齿刀主要用于加工内、外啮合的直齿、斜齿和人字齿轮。碗形插齿刀主要加工带台肩的和多联的内、外啮合的直齿轮。筒形插齿刀用于加工内齿轮和模数小的外齿轮,靠内孔的螺纹旋紧在插齿机的主轴上。锥柄插齿刀主要用于加工内啮合的直齿和斜齿齿轮。

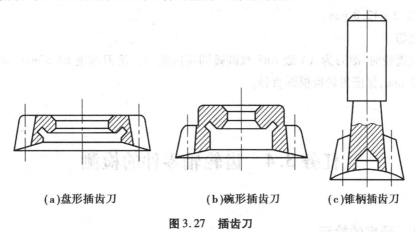

| (a)盘形插齿刀 | (b)碗形插齿刀 | (c)锥柄插齿刀 |

图 3.27　插齿刀

④剃齿刀

剃齿刀是直齿和斜齿渐开线圆柱齿轮的一种精加工刀具。剃齿时,剃齿刀的切削刃沿工件齿面剃下一层薄金属,可有效地提高被剃齿轮的精度和齿面质量;同时,加工效率高,刀具寿命长,是成批、大量生产中等精度圆柱齿轮时应用最广泛的一种加工刀具。常用的盘形剃齿刀像一个淬硬的斜齿圆柱齿轮,齿面上的沟槽有两种形式:一种是在整个齿圈上开有圆环形或螺旋形的通槽;另一种为两侧面的沟槽不通,是用梳形插刀分别插出来的。这种剃齿刀用钝后需重磨齿形和齿顶圆柱面。

2)齿轮加工时刀杆、滚刀的安装

①数据找正

齿轮加工时按照图 3.1 的数据进行找正。

刀杆径向跳动:前端≤0.025;后端≤0.025。

刀杆轴向跳动≤0.017。

滚刀安装后,滚刀径向跳动:前肩≤0.025;后肩≤0.025。

刀杆的轴向跳动≤0.017。

②工件装夹、找正

齿轮有轴类齿坯和盘类齿坯。如果是轴类齿坯,一端可直接由分度头的三爪卡盘夹住,另一端由尾座顶尖即可;如果是盘类齿坯,首先把齿坯套在心轴上,心轴一端夹在分度头三爪卡盘上,另一端由尾座顶尖盯紧即可。校正齿坯很重要。首先校正圆度,如果圆度不好,会影响分度圆齿厚尺寸;再校正直线度,即分度头三爪卡盘的中心与尾座顶尖中心的连线一定要与工作台纵向走刀方向平行,否则铣出来的齿是斜的;最后校正高低,即分度头三爪卡盘的中心至工作台面距离与尾座顶尖中心至工作台面距离应一致,如果高低尺寸超差,铣出来的齿就有深浅。

在工件找正时,按外圆径向跳动≤0.025 进行。

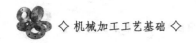

③粗滚切

用粗滚刀滚切齿轮。滚刀速度 63 r/min，垂直进给量 0.56 ~ 0.63 mm/r（工作台一转），切齿深度 12.2 ~ 12.8 mm。

④精滚切

精滚此齿轮时，滚刀为 AA 级 An7 双圆弧同旋向滚刀。滚刀速度 63 r/min，垂直进给量 0.56 ~ 0.63 mm，保证齿轮齿根圆直径。

任务 3.4 齿轮轴零件的检测

3.4.1 硬度的检测

硬度检测是评价金属力学性能最迅速、最经济、最简单的一种试验方法。

硬度检测的主要目的就是测定材料的适用性，或材料为使用目的所进行的特殊硬化或软化处理的效果。对于被检测材料而言，硬度是代表着在一定压头和试验力作用下所反映出的弹性、塑性、强度、韧性及磨损抗力等多种物理量的综合性能。由于通过硬度试验可反映金属材料在不同的化学成分、组织结构和热处理工艺条件下性能的差异，因此，硬度试验广泛应用于金属性能的检验、监督热处理工艺质量和新材料的研制。

金属硬度检测主要有两类试验方法：

①静态试验方法。包括布氏、洛氏、维氏等，它们是金属硬度检测的主要试验方法。而洛氏硬度试验又是应用最多的，它被广泛用于产品的检验，据统计，目前应用中的硬度计 70% 是洛氏硬度计。

②动态试验法。包括肖氏和里氏硬度试验法。动态试验法主要用于大型的、不可移动工件的硬度检测。

硬度检测的原理、特点与应用如前所述。

3.4.2 齿轮检测

（1）公法线千分尺

公法线千分尺用于测量齿轮公法线长度，是一种通用的齿轮测量工具，如图 3.28 所示。当检验直齿轮时，公法线千分尺的两卡脚跨过 K 个齿，两卡脚与轮廓相切于 a、b 两点，两切点间的距离 ab 称为公法线（即基圆切线）长度，用 W 表示。

其步骤如下：

①根据齿轮的已知参数求出跨齿数 n 的公法线长度 W。

②根据所得的公法线长度选择测量范围相适应的公法线千分尺，并用标准棒校对零线。

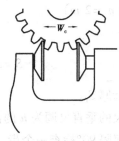

图3.28　公法线千分尺测量齿轮公法线

③逐次测量所有的公法线实际长度,记入表中。

④找出最大值 W_{max} 与最小值 W_{min},则

齿轮公法线长度变动量为

$$\Delta W = W_{max} - W_{min}$$

（2）齿厚游标卡尺

齿厚游标尺是专用于量测齿轮齿厚的测量工具,形状像90°角尺。它有平行和垂直两种。垂直尺杆专为测量齿顶的高度,平行尺杆测量齿厚的厚度。如图3.29所示,测量时以分度圆齿高 h_a 为基准来测量分度圆弦齿厚 S。由于测量分度圆弦齿厚是以齿顶圆为基准的,测量结果必然受到齿顶圆公差的影响,而公法线长度测量与齿顶圆无关。公法线测量在实际应用中较广泛。在齿轮检验中,对较大模数($m>10$ mm)的齿轮,一般检验分度圆弦齿厚;对成批生产的中、小模数齿轮,一般检验公法线长度 W。

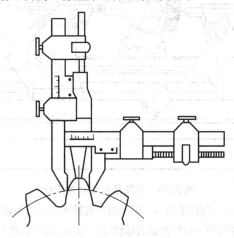

图3.29　齿厚游标卡尺测量齿厚

其步骤如下:

①用游标卡尺测量齿顶圆的直径 D_e 实际,并根据已知条件求出齿顶圆的公称尺寸, D_e 理论(D_e 理论=($z-2$) m),再由 $\Delta d_e = D_e$ 实际 $-D_e$ 公称,计算出齿顶圆偏差。

②由以上已知参数,得

$$h_f^1 = h_f + \frac{\Delta D_e}{2}, h_f = h + \frac{zm}{2}\left[1 - \cos\frac{\pi + 4\varepsilon \tan a_f}{2z}\right]$$

（对于正常齿 $h^1 = 2\ m$）

再由公式

$$S_f = zn\ \sin\left(\frac{\pi + 4\varepsilon\ \tan a_f}{2z}\right)$$

即得公称弦齿厚 S_f。

③将游标卡尺的垂直尺调为 h 的值。

④在齿圈上每隔90°检查一个齿，共测4个齿，分别以公称值 S_f 比较，取其中差值最大者为实际偏差。

查表得出齿厚公差值，并与之比较，作为结论。

（3）齿圈径向跳动检查仪

在批量生产中，测量齿圈径向跳动常使用齿圈径向跳动检查仪，测头可用球形或锥形，如图3.30所示。

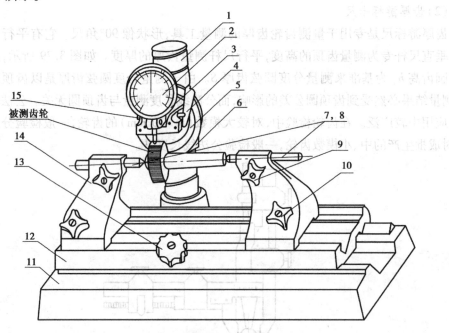

图3.30　齿圈径向跳动检测仪

1—立柱;2—指示表;3—微调手轮;4—提起指示表扳手;5—指示表支架;6—调节螺母;

7,8—顶针;9—顶针锁紧螺钉;10—顶针架锁紧螺钉;11—底座;12—顶针架滑板;13—移动滑板旋钮;

14—顶针架;15—提升小旋钮

其步骤如下：

①根据模数 m，确定测量棒直径。

②将被测齿轮套在测量心轴上，心轴装在仪器的顶尖间，然后调整百分表的测量位置。

③测量时，每测一齿须抬起百分表测量杆，将测量棒换位，依次逐步测量一圈，将测得的数值记入报告中。

④取其跳动量的最大最小两个数值，两数之差即为齿圈径向跳动。

项目 4

端盖零件加工基础

●工作任务

选择加工如图 4.1 所示端盖工件的设备和加工方法。

●能力目标

1. 常用有色金属种类及选用。
2. 铸造生产简介。
3. 钻床、拉床。
4. 孔加工刀具的结构与选用。
5. 内径百分表的使用。
6. 位置度及其检测。

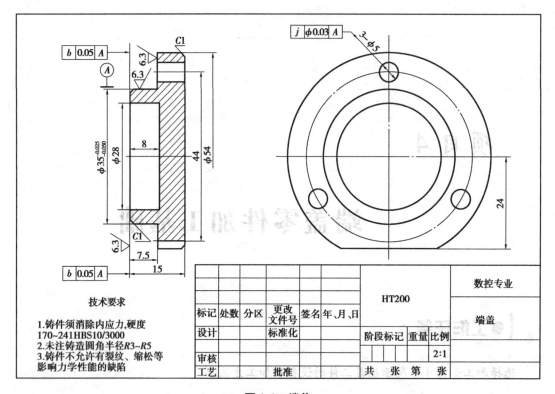

图 4.1　端盖

任务 4.1　识读端盖零件图

4.1.1　端盖零件的结构

端盖属于盘类零件,结构较为简单,直径尺寸大于长度尺寸。主要表面为直径不等的同轴内、外圆柱面、端面、3 个 $\phi 5$ 的圆孔,两处 C1 倒角。

4.1.2　端盖零件材料

由图 4.1 可知,端盖工件的材料为 HT200。HT200 表示最低抗拉强度为 200 MPa 的灰铸铁,该材料铸造性能良好,具有良好的抗压强度。

4.1.3　端盖零件加工技术要求

(1)尺寸精度

$\phi 35_{-0.050}^{-0.025}$(属于 f7)。

(2)位置精度

孔 $3 \times \phi5$ 具有对 A 基准的位置度要求,公差为 $\phi0.3$;左端面和与其距离尺寸为 15 的平面与 $\phi35^{-0.025}_{-0.050}$ 的轴线有垂直的要求,公差为 0.05 mm。

(3)表面粗糙度

左端面和与其距离尺寸为 15 平面的表面粗糙度为 $R_a6.3$ μm,其余表面粗糙度为 $R_a12.5$ μm。

(4)倒角

两处 $C1$ 倒角。

(5)其他

铸件须消除内应力,不允许有裂纹、缩松等影响力学性能的铸造缺陷,硬度 170 ～ 241HBS10/3000。

任务 4.2　相关基础知识

4.2.1　常用有色金属

钢铁材料通常称为黑金属。黑金属以外的各种纯金属及合金,称为有色金属,有色金属具有很多特殊的物理、化学和力学性能,因而成为现代工业不可缺少的材料。

(1)铝及铝合金

1)纯铝

纯铝为面心立方晶格,无同素异构转变,呈银白色。塑性好、强度低。铝的密度较小(约 2.7 g/cm³),仅为铜的 1/3;导电导热性好,仅次于金、银、铜而居第四位。铝在大气中其表面易生成一层致密的氧化膜,阻止进一步氧化,耐大气腐蚀能力较强。

根据上述特点,纯铝主要用于制作电线、电缆,配置各种铝合金以及制作要求质轻、导热或耐大气腐蚀但强度要求不高的器具。纯铝中含有铁、硅等杂质,随着杂质含量的增加,其导电性、导热性、耐大气腐蚀性及塑性将下降。铝的质量分数不低于 99.00% 的铝材为纯铝

2)铝合金分类

由于纯铝的强度低,向铝加入硅、铜、镁、锌、锰等合金元素制成铝合金,具有较高的强度,并且还可用变形或热处理方法,进一步提高其强度。故铝合金可作为结构材料制造承受一定载荷的结构零件。根据铝合金的成分及工艺特点,可分为变形铝合金和铸造铝合金两类。

3)铝合金的热处理

当铝合金加热、保温后在水中快速冷却,其强度和硬度并没有明显升高,而塑性却得到改善,这种热处理称为固溶热处理。如在室温放置相当长的时间,强度和硬质会明显升高,而塑性明显下降。固溶处理后铝合金的强度和硬度随时间变化而发生显著提高的现象,称

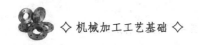

为时效强化或沉淀硬化。在室温下进行的时效为自然时效,加热条件下进行的时效为人工时效。在不同温度下进行人工时效时,其效果也不同。时效温度越高,时效速度越快,其强化效果越低。

4)变形铝合金

变形铝合金按其主要性能特点,可分为防锈铝、硬铝、超硬铝及锻铝等。通常加工成各种规格型材(板、带、线、管等)产品供应。

①防锈铝

防锈铝主要是 Al-Mg 系和 Al-Mn 系铝合金,其代号 LF 加顺序号表示。防锈铝具有很好的耐蚀性,强度不高,可通过加工硬化强化。主要用作容器管道及承受中等载荷的零件。

②硬铝

硬铝主要是 Al-Cu-Mg 系铝合金,代号 LY 加顺序号表示。硬铝经固溶时效,能获得较高的强度,但耐蚀性差。它主要用来制作飞机蒙皮、螺旋桨叶片、焊接结构等。

③超硬铝

超硬铝主要是 Al-Cu-Mg-Zn 系铝合金,超硬铝的强度、硬度均高于其他铝合金。它主要用于质量轻而承载大的飞机大梁、起落架等结构件。

④锻铝

锻铝主要是 Al-Cu-Mg 系铝合金。锻铝具有良好的锻造工艺性能,通过淬火、时效处理可达到相当于硬铝的力学性能。它主要用作各种形状复杂的重载锻件和模锻件,如直升机桨叶、航空发动机活塞等。

5)铸造铝合金

铸造铝合金中有一定数量的共晶组织,故具有良好的铸造性能,但塑性差,常采用变质处理的办法提高其力学性能。铸造铝合金可分为 Al-Si 系、Al-Cu 系、Al-Mg 系及 Al-Zn 系 4 大类。

铸造铝合金代号用"ZL"(铸造)及 3 位数字表示。第一位数字表示合金类别,后两位数字表示顺序号。顺序号不同,则化学成分不同,如 ZL101。

(2)铜及铜合金

1)工业纯铜

铜是人类应用最早和最广的一种有色金属,其全世界产量仅次于钢和铝。工业纯铜又称紫铜,密度为 8.96 g/cm³,熔点为 1083 ℃。纯铜具有良好的导电、导热性,塑性好,容易进行冷热加工,同时,纯铜有较高的耐蚀性,在大气、海水及不少酸类中皆能耐蚀。其强度低,强度经变形后可以提高,但塑性显著下降。

工业纯铜按杂质含量可分为 T1,T2,T3,T4 这 4 种。"T"为铜的汉语拼音首字母,其数字越大,纯度越低。纯铜一般不作结构材料使用,主要用于制造电线、电缆、导热零件及配制铜合金。

2)黄铜

黄铜是以锌为主要合金元素的铜锌合金。按化学成分,可分为普通黄铜和特殊黄铜两类。普通黄铜是由铜与锌组成的二元合金。它的色泽美观,对海水和大气腐蚀有很好的抗力。

黄铜的代号用"H"+数字表示,数字表示铜的平均质量分数。H80 色泽好,可用来制造装饰品,有"金色黄铜"之称。H70 强度高、塑性好,可用深冲压的方法制造弹壳、散热器、垫片等零件,有"弹壳黄铜"之称。H62,H59 具有较高的强度与耐蚀性,其价格便宜,主要用于热压、热轧零件。为改善黄铜的代号,在"H"之后标以主加元素的化学符号,并在其后标以铜及合金元素的质量分数。例如,HPb59-1 表示 $W_{Cu} = 59\%$,$W_{Pb} = 1\%$ 的铅黄铜。

3)青铜

青铜原指人类历史上应用最早的一种 Cu-Sn 合金,但逐渐地把除锌以外的其他元素的铜基合金,也称为青铜。因此,青铜包含锡青铜、铝青铜、硅青铜及铅青铜等。

青铜的代号为"Q"。铸造青铜则在代号前加"ZCu",如 QBe$_2$,ZcuPb30 等。

(3)钛及其合金

钛及其合金具有密度小、比强度高、良好的耐蚀性。钛及其合金还有很高的耐热性,钛及其合金已成为航空、航天、机械工程、化工、冶金工业不可缺少的材料。但由于钛在高温中异常活泼,熔点高,熔炼、浇注工艺复杂,且价格昂贵,成本较高,因此使用受到一定限制。

1)纯钛

纯铁是灰白色轻金属,密度为 4.508 g/cm^3,熔点为 1 668 ℃,固态下有同素异构转变,在 882 ℃ 以下为密排六方晶格,882 ℃ 以上为体心立方晶格。

纯钛的牌号为 TA0,TA1,TA2,TA3,序号越大纯度越低,TA0 为高纯钛,仅在科学研究中应用,其余 3 种均含有一定量的杂质,称为工业纯钛。纯钛焊接性能好,低温韧性好,强度低,塑性好,易于冷压力加工。

2)钛合金

钛合金可分为 3 类:α 钛合金、β 钛合金和(α+β)钛合金。

我国钛合金牌号为以"T+合金类别代号+顺序号"表示,T 是"钛"字汉语拼音字首,合金类别代号分别用 A,B,C 表示 α 型钛合金、β 型钛合金和(α+β)型钛合金。

(4)滑动轴承合金

滑动轴承合金只用于制造轴瓦及其内衬的合金,滑动轴承具有承压面大,工作平稳,无噪声等优点,适用于重载、高速的场合,如发动机轴、连杆轴承、磨床主轴轴承等。滑动轴承与高速重载轴在工作时有强烈的摩擦,为减小轴的磨损和运转可靠,滑动轴承合金材料应满足下列性能要求:

①足够的强度、塑性和韧性,以抵抗冲击和振动。

②良好的减磨性和磨合性。

③适当的硬度,既能承受载荷又能减少磨损。

④良好的导热性和耐蚀性。

⑤成本低廉,易于制造。

为满足上述要求,滑动轴承合金的组织可分为软基体上分布有硬质点或基体上分布有软质点的结构。

以锡或铅为基体的轴承合金(也称巴氏合金),是满足上述性能要求的最理想的材料。此外,还有铜和铝基轴承合金。

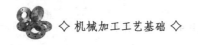

1)锡基轴承合金

它具有较低的摩擦系数和适当的硬度,软基体具有较好的塑性和韧性,且具有良好的导热性和耐蚀性。它可用作承受大负荷、高转速机器设备的轴承,如电动机、汽车发动机、汽轮机等。常用的有1号锡基轴承合金(ZChSnSb12-4-10)1号锡基轴承合金(ZChSb11-6)、3号锡基轴合金(ZChSnSb8-4)、4号锡基轴承合金(ZChSnSb4-4)等。

2)铅基轴承合金

铅基轴合金摩擦系数较大,耐冲击性不高,但价格便宜,一般用于工作温度不超过120℃、中速中载且无明显冲击载荷的轴承,如电动机、压缩机、真空泵及破碎机等轴承。常用的有1号铅基轴承合金(ZPbSb15Sn10)。

3)铜基轴承合金

常用的铜基轴承合金有锡青铜、铅青铜等铸造铜基合金。锡青铜属软基体分布硬质点轴承合金,强度高承载大、一般用于制造高载中速轴承,如发动机轴承。铅青铜属硬基体分布软质点轴承合金、耐磨性和导热性好,摩擦系数小,疲劳强度高,可在较高工作温度下,广泛用于制造航空发动机、高速柴油机等高速重载轴承。

4)铝基轴承合金

铝基轴承合金是20世纪60年代发展起来的新型滑动轴承合金,具有导热性好,密度小,疲劳强度高和耐腐蚀性好,以及资源丰富、价格低廉等优点。使用时,一般轧制成钢-铝基合金双金属结构轴承。它广泛用于汽车、拖拉机、内燃机等高速重载轴承。

(5)硬质合金

硬质合金是以一种或几种难熔的金属碳化物(碳化钨、碳化钛)等为基体,以钴、镍等金属作为黏结剂,用粉末冶金的方法制成的合金材料。它主要用作制造高速切削刀具。其特点是热硬性高,即使在1 000 ℃左右,刀具的硬度仍不下降。因而用它制造刀具寿命可提高5~8倍,切削速度比高速钢高4~10倍。硬质合金刀具能加工高硬度材料和较难加工的奥氏体耐热钢和不锈钢等韧性材料,但其本身硬度高,又较脆,很难进行切削加工,因此常将其制成一定规格的刀片,镶焊或装夹在刀体上使用。

常用的硬质合金有以下4种。

1)钨钴类硬质合金

其主要成分是碳化钨(WC)和钴(Co)。这类硬质合金的韧性好,硬度和耐磨性较差,适用于制作切削铸铁、青铜等脆性材料的刀具。常用的牌号有YG3X,YG6,YG8。

2)钨钴钛类硬质合金

其主要成分为碳化钨(WC)、碳化钛(TiC)和钴(Co)。这类硬质合金的硬度和耐磨性高,韧性差,加工钢材时刀具表面能形成一层氧化钛薄膜,使切削不易黏附,适用于制作切削高韧钢材的刀具。常用的牌号有YT5,YT15,YT30。

3)通用类硬质合金

这类硬质合金也称万能硬质合金。其主要成分为在钨钴钛类硬质合金中加入碳化钽(TaC)以取代部分碳化钛(TiC),它主要用于制作高锰钢、不锈钢、耐热钢等难加工材料的刀具。常用的牌号有YW1,YW2。

4）钢结硬质合金

它是以碳化钛、碳化钨为硬质相，以合金钢（高速钢、不锈钢等）作为黏结剂。其特点是可以锻造、热处理、焊接和切削加工。它可用来制成各种形状复杂的刀具、模具及耐磨零件。

4.2.2　常用铸铁材料

铸铁是 $W_C > 2.11\%$ 并含有较多硅、锰、磷等元素的铁碳合金。

铸铁中的碳存在形式有两种：一般是以渗碳体形式存在，大多数以石墨形式存在。根据碳的存在形式，铸铁可分为白口铸铁、灰口铸铁、球墨铸铁、可锻造铸铁等。

在白口铸铁中，碳全部以渗碳体形式存在，其断口呈银白色。白口铸铁由于硬度高，难以切削加工，故很少直接使用。在常用的几种铸铁中，碳大多数以石墨形式分布在金属基体上。

铸铁具有优良的铸造性能、切削加工性、减摩性与消振性和低的缺口敏感性，而且熔炼铸铁的工艺与设备简单，成本低。目前，铸铁仍然是工业生产中最重要工程材料之一。

根据铸铁中石墨的形态，铸铁可分为灰口铸铁（石墨以片状形式存在）、球墨铸铁（石墨以球状形式存在）、蠕墨铸铁（石墨以蠕虫状形式存在）、可锻铸铁（石墨以团絮状形式存在）。

（1）铸铁的石墨化

铸铁中的碳原子析出并形成石墨的过程称为铸铁的石墨化。铸铁中的石墨可由液体或奥氏体中析出，也可由渗碳体分解得到。石墨化过程主要受铸铁化学成分和铸件冷却速度的影响。

1）化学成分的影响

碳和硅是强烈促进石墨化的元素，合金中碳和硅的质量分数越高，石墨化越易进行。磷对石墨化稍有促进作用。硫是强烈阻碍石墨化的元素，还会降低铁水的流动性，应限制其质量分数。锰虽阻碍石墨化，但是能减轻硫的有害作用，可在铸铁中保持一定的质量分数。

2）冷却速度的影响

铸件的冷却速度对其石墨化的影响也很大。冷却速度越慢，原子扩散时间越充分，越有利于石墨化的进行。铸件的冷却速度在一定的铸型条件下取决于铸件的壁厚，即壁厚冷却速度越慢，壁薄冷却速度越快。

（2）灰口铸铁

碳大部分或全部以片状石墨形式存在的铸铁，因断口呈灰色，称为灰口铸铁（灰铸铁）。灰口铸铁化学成分的一般范围是：$W_C = 2.5\% \sim 4.0\%$，$W_{Si} = 1.0\% \sim 3.0\%$，$W_{Mn} = 0.5\% \sim 1.3\%$，$W_P \leqslant 0.5\%$，$W_S \leqslant 0.2\%$。

灰口铸铁组织是由金属基体和片状石墨组成的。其基体可分为珠光体、珠光体+铁素体、铁素体 3 种。

1）灰口铸铁的性能

灰口铸铁的力学性能主要取决于基体组织和石墨的存在形式，灰口铸铁中含有比钢更

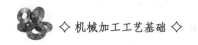

多的硅、锰等元素,这些元素可溶于铁素体而使基体强化,其基体的强度与硬度不低于相应的钢。由于灰口铸铁中碳以片状石墨的形式存在,并割裂基体,石墨的强度、塑性、韧性几乎为零,导致铸铁的抗拉强度和塑性就越低。

灰口铸铁具有良好的铸造性能、切削加工性、减摩性和消振性,铸铁对缺口的敏感性较低。

2)灰口铸铁的牌号和应用

灰口铸铁的牌号用"灰铁"二字的汉语拼音的字首,后面3位数字表示最小抗拉强度值。灰口铸铁由于具有上述的性能和特点,而且价格低廉,因此在生产上得到了广泛的应用。常用于制造形状复杂而力学性能要求不高的零件,承受压力、要求消振的零件,以及某些耐磨的零件。

3)灰铸铁的热处理

灰铸铁常用热处理是消除内应力退火。

铸件在冷却过程中会产生内应力,导致铸件在加工和使用过程中产生变形。因此,有些形状复杂的铸件需进行消除内应力退火。退火工艺为:将铸件缓慢加热到500～550 ℃,保温一段时间,然后随炉冷至150～200 ℃后出炉。此时铸件内应力基本消除。这种退火由于常在共析温度以下进行长时间的加热,故又称"人工时效处理"。

为了提高某些铸件(如机床导轨等)的表面硬度,可对其表面进行淬火处理。

(3)球墨铸铁

经球化处理而使石墨大部分或全部呈球状的铸铁,称为球墨铸铁。

球墨铸铁的化学成分与灰口铸铁相比,特点是碳、硅的质量分数高,锰的质量分数较低,硫和磷的限制较严。

球墨铸铁的组织是在钢的基体上分布着球状石墨,球墨铸铁在铸态下,其基体是由不同数量铁素体、珠光体组成,故生产中需经不同热处理以获得不同的组织。生产中常见的球墨铸铁有铁素体球墨铸铁、珠光体+铁素体球墨铸铁、珠光体球墨铸铁及贝氏体球墨铸铁。

1)球墨铸铁的性能

由于球墨铸铁中石墨呈球状,对金属基体的割裂作用较小,使球墨铸铁的抗拉强度、塑性和韧性、疲劳强度高于其他铸铁。球墨铸铁有一个突出优点是其屈强比较高,因此对于承受静载荷的零件,可用球墨铸铁代替铸钢。

2)球墨铸铁的牌号和用途

球墨铸铁的牌号由"QT"与两组数子组成,其中"QT"表示"球体"二字汉语拼音的首位字母,第一组数字代表最低抗拉强度值,第二组数字代表最低伸长率。球墨铸铁常用于制造载荷大且受磨损和冲击的重要零件,如汽车、拖拉机的曲轴、连杆和机床的蜗杆、蜗轮等。

3)球墨铸铁的热处理

由于基体组织对球墨铸铁的性能有较大的影响,因此球墨铸铁常通过各种热处理方式来改变基体组织,提高力学性能;也可通过热处理来改善切削加工性,消除内应力。球墨铸铁常用的热处理有退火、正火、调质及等温淬火4种方法。

（4）可锻铸铁

可锻铸铁通常是将白口铸铁通过石墨化退火，获得团絮状石墨而具有较高韧性的铸铁，俗称为马铁。可锻铸铁具有一定的塑性与韧性，因此得名，实际上可锻铸铁并不能锻造。

可锻铸铁有铁素体可锻铸铁（黑心可锻铸铁）和珠光体可锻铸铁两种。

可锻铸铁牌号由"KTH"或"KTZ"与两组数字表示。其中"KT"表示"可铁"二字的汉语拼音首字母；"H"和"Z"分别表示"黑"和"珠"的汉语拼音的首字母；牌号后边第一组数字表示最小抗拉强度值；第二组数字表示最小伸长率。例如，KTH300-06 表示 $\delta_b \geqslant 300$ MPa，$\delta \geqslant 6\%$ 的黑心可锻铸铁。

可锻铸铁的力学性能优于灰口铸铁，并接近于同类基体的球墨铸铁。但与球墨铸铁相比，具有铁水处理简易、质量稳定、废品率低等优点。在生产中，常用可锻铸铁制作一些截面较薄、形状较复杂、工作时受振动而强度、韧性要求较高的零件。

4.2.3　铸造生产简介

将液态金属浇注到具有与零件形状相适应的铸型型腔中，待其冷却凝固后获得一定形状和性能的零件或毛坯的成型方法，称为铸造。铸造所获得的毛坯或零件，称为铸件。

铸造具有以下特点：

①可制成各种形状复杂的铸件，如各种箱体、床身、机架等。

②适用范围很广，工业上常用的金属材料均可用铸造的方法制成零件。铸件的质量可从几克到数百吨，尺寸从几毫米到十几米。

③原材料来源广泛，可直接利用报废的机件、切削及废钢等；一般情况下，铸造不需用昂贵的设备，铸件的生产成本较低。

④铸件的形状和尺寸与零件接近，因此切削加工的工作量较小，能节省金属材料。

铸造生产的缺点是：由于液态成型会给铸件带来某些缺点，如铸造组织疏松，晶粒粗大，以及内部易产生缩孔、缩松、气孔、夹渣等缺陷。这就使一般铸件的力学性能低于同样材料的铸件。加之铸造过程及工序较多，质量控制因素比较复杂。此外，铸造的劳动条件较差。

尽管铸造存在着上述缺点，而其优点却是明显的，故在工业生产中得广泛应用。据统计，在金属切削机床中，铸件的质量占总重的 70% ~80%；汽车拖拉机中，占总量的 45% ~70%；在一些重型机械中，占总量85%以上。随着铸造技术的发展，铸件会越来越广泛应用于现代生活的各个方面。

铸造生产的方法很多，有砂型铸造、金属型铸造、压力铸造、离心铸造、熔模铸造等。其中，最基本、最常用的铸造方法是砂型铸造。

（1）砂型铸造

用型砂紧实成型的方法称为砂型铸造，砂型铸造生产的铸件约占所有铸件总重的 90% 以上。

1）砂型铸造的生产过程

如图 4-2 所示为砂型铸造生产过程。由图 4.2 可知，砂型铸造生产工序包括制造模样、

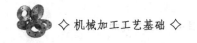

制备造型材料、造型、造芯、合型、熔炼、浇注、落砂、清理与检查等。其中,造型和造芯是砂型铸造的重要环节,对铸件的质量影响很大。

2)造型材料

制造铸型用的材料,称为造型材料。用于制造砂型的材料,称为型砂;用于制造型芯的材料,称为芯砂。

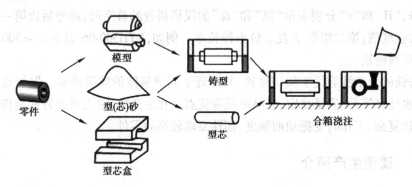

图4.2 砂型铸造造的生产工艺流程

①对型砂、芯砂性能的要求

A.强度

强度是指型砂、芯砂在造型后能承受外力而不被破坏的能力。砂型及型砂在搬运、翻转、合箱及浇注金属时,有足够强度才会保证不被破坏、脱落和胀大。若型砂、芯砂的强度不好,铸件容易产生砂眼、夹砂等缺陷。

B.耐火度

耐火度是指型砂、芯砂经受高温热作用的能力。耐火度主要取决于石英砂中 SiO_2 的含量,若耐火度不够,就会在铸件表面或内腔形成一层黏砂层,不但清理困难,影响外观,而且给机械加工增加了困难。

C.透气性

透气性是指型砂、芯砂孔隙透过气体的能力。在浇注过程中,铸型与高温金属液体

接触,水分汽化、有机物燃烧和液态金属冷却析出的气体,必须通过铸型排出,否则将在铸件内产生气孔或使铸件浇不足。

D.可塑性

可塑性是指型砂、芯砂在外力作用下变形,去除外力后仍能保持变形的能力。可塑性好,型砂、芯砂柔软易变性,起模和修型时不易破碎和掉落。

E.退让性

退让性是指铸件凝固和冷却过程中产生收缩时,型砂、芯砂能被压缩、退让的性能。型砂、芯砂的退让性不足,会使铸件收缩时受到阻碍,产生内应力、变形和裂纹等缺陷。

②型砂和芯砂的组成

A.原砂

原砂主要成分为硅砂的主要成分为 SiO_2 ,它的熔点高达 1 700 ℃ ,砂中的 SiO_2 含量越高,其耐火度越高;砂粒越粗,则耐火度和透气性越高;多角形和尖角形的硅砂透气性好;含泥量越小,透气性越好等。

B.黏结剂

用来黏结砂粒的材料,称为黏结剂。常用的黏结剂有黏土、膨润土、桐油、水玻璃、树脂等。湿型砂普遍采用黏结剂性能较好的膨润土;而干型砂多用普通黏土。

C.附加物

为了改善型砂、芯砂的某些性能而加入的材料,称为附加物。例如,加入煤粉可以降低铸件表面、内腔的表面粗糙度;加入木屑可提高型砂、芯砂的退让性和透气性。

3)造型方法

用型砂及模样等工艺装备制造铸型的过程,称为造型。造型方法通常分为手工制造和机器制造两大类。造型时,用模样形成铸件的型,在浇注后形成铸件的外部轮廓。

①手工造型

全部用手工或手动工具完成的造型方法,称为手工制造。手工制造的特点是操作灵活,适应性强,模样成本低,生产准备简单,但造型效率低,劳动强度大,劳动环境差,主要用于单件,小批生产。

造型时,如何将模样顺利地从砂型中取出而又不至于破坏型腔的形状,是一个很关键的问题。因此,围绕如何起模这一问题,把造型方法分为整模造型、挖砂造型、活块造型、三箱造型及刮板造型等。

A.整模造型

模样是一个整体,最大截面在模样一端且是平面,分型面多为平面。分型面是铸型组元之间的结合面。这种造型方法操作简单,适用于形状简单、质量不高的中、大型铸件,如盘、盖类等。如图 4.3 所示为整模造型的主要过程。

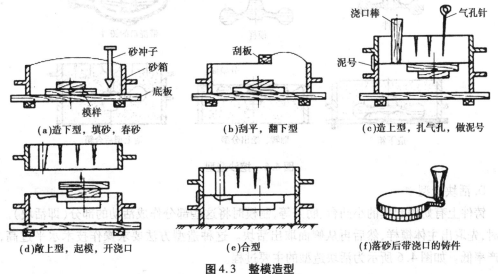

(a)造下型,填砂,舂砂 (b)刮平,翻下型 (c)造上型,扎气孔,做泥号

(d)敞上型,起模,开浇口 (e)合型 (f)落砂后带浇口的铸件

图4.3 整模造型

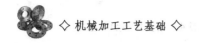

B. 分模造型

模样沿外形的最大截面分成两半,且分型面是平面。分模造型与整模造型的主要区别是分模造型的上、下砂型中都有型腔,而整模造型基本只有一个砂型中。这种造型方法也很简便,适用于形状较复杂、各种批量生产的铸件,如套筒、管类、阀体等。如图4.4所示为分模造型的主要过程。

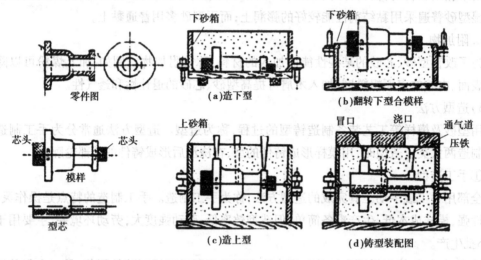

零件图　　(a)造下型　　(b)翻转下型合模样

(c)造上型　　(d)铸型装配图

图4.4　分模造型

C. 挖砂造型

模样是整体的,但分型面是曲面。为了能取出模样,造型时用手工挖去阻碍起模的型砂。这种造型方法操作麻烦,生产率低,工人技术水平要求高。只是用于形状复杂单件、小批生产的铸件。如图4.5所示为挖砂造型的主要过程。

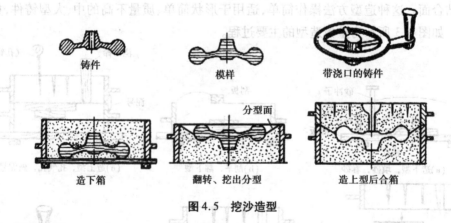

铸件　　模样　　带浇口的铸件

造下箱　　翻转、挖出分型　　造上型后合箱

图4.5　挖沙造型

D. 活块造型

铸件上有妨碍起模的小凸台、肋条等,制模时将这些部分作成活动的部分(即活块)。起模时,先取出主体模样,然后再从侧面取出活块。这种造型方法要求操作技术水平过高,但生产率低。如图4.6所示为活块造型的主要过程。

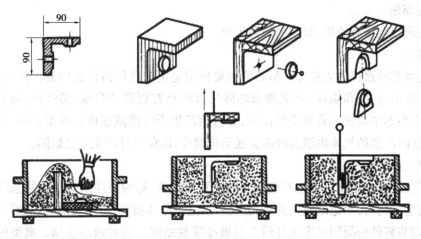

图4.6　活块造型

E. 刮板制造

对有些旋转体或等截面形状的铸件,当产量小时,为了节省制模材料和制模工时,可采用刮板制造型。所谓刮板制造,就是用与铸件轮廓形状和尺寸相对应的木板,在填实型砂的砂箱中,刮制出上型和下型的行腔。这种造型方法操作比较复杂,对工人的操作水平要求较高,铸件的尺寸精度低,只是用于大中型旋转体铸件的单件小批生产,如带轮等。如图4.7所示为刮板造型的主要过程。

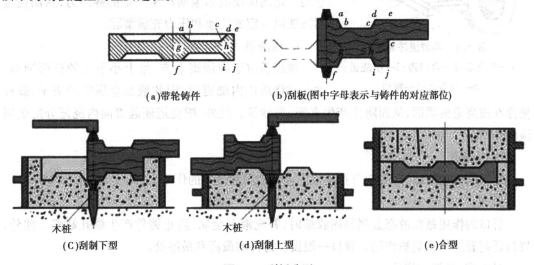

(a)带轮铸件　　　　　　　　(b)刮板(图中字母表示与铸件的对应部位)

(C)刮制下型　　　　　　　(d)刮制上型　　　　　　　(e)合型

图4.7　刮板造型

② 机器造型

用机器全部完成或至少完成紧砂操作的制造方法,称为机器制造。机器造型的实质是机器代替手工紧砂和起模。当成批、大量生产时,应采用机器制造型。与手工造型相比,机器造型生产效率高,铸件尺寸精度高,表面质量好,但设备及工艺装备要求高,生产准备时间长。

A. 紧砂方法

常用紧砂方法有振实、压实、振压、抛砂等方式。其中,振压式应用最为广泛。

B.起模法

常用的起模法有顶箱、漏模和翻转3种。

③造芯

制造型芯的过程称为造芯。型芯的主要作用是用来获得铸件的内腔。浇注时,由于受金属液的冲击、包围和烘烤,因此要求芯砂比型砂具有更高的强度、透气性、耐火度等。另外,还需在型芯中放置芯骨和安装吊环,并将型芯烘干以增减强度。在型芯中,应作出通气孔,将浇注时产生的气体由型芯经芯头通至铸型外,以免铸件产生气孔缺陷。

④浇注系统

为了使液态金属流入铸型型腔所开的一系列通道,称为浇注系统。浇注系统的作用是保证液态金属均匀,平稳地流入并充满型腔,以避免冲坏型腔;防止熔渣、砂粒或其他杂质进入型腔;调节铸件的凝固顺序或补给金属液冷凝收缩时所需的液态金属。典型的浇注系统有以下5步组成(见图4.8):

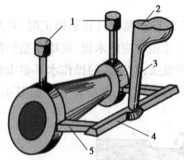

图 4.8 典型浇注系统

1—外浇道;2—直浇道;3—横浇道;

4—内浇道;5—冒口

A.外浇道

外浇道的作用缓和液态金属的冲力,使其平稳地流入直浇道。

B.直浇道

直浇道是外浇道下面的一段上大下小圆锥形通道。它的一定高度使液态金属产生一定的静压力,从而使金属液能以一定的流速和压力充满型腔。

C.横浇道

横浇道位于内浇道上方,呈上小下大的梯形通道。由于横浇道比内浇道高,因此液态金属中的渣子、砂粒便浮在横浇道的顶面,从而防止产生夹渣、夹砂等。此外,横浇道还起着向内浇道分配金属液的作用。

D.内浇道

它的截面多为扁梯形,起着控制液态金属流向和流速的作用。

E.冒口

冒口的作用是在液态金属凝固收缩时,补充液态金属,防止铸件产生缩孔缺陷。此外,冒口还起着排气和集渣作用。冒口一般设在铸件的最高和最厚处。

4)合型、熔炼与浇注

①合型

将铸型的各个组元(上型、下型、砂芯、交口盆等)组成一个完整的铸型的过程,称为合型。合型时,应检查铸型型腔是否清洁,型芯的安装是否准确牢固,砂箱的定位是否准确、牢固。

②熔炼

通过加热使金属由固态变为液态,并通过冶金反应去除金属中的杂质,使其温度和成分达到规定要求的操作过程,称为熔炼。金属液的温度过低,会使铸件产生冷隔、浇不足、气孔等缺陷。金属液的温度过高,会导致铸件总收缩量增加、吸收气体过多、黏砂等缺陷。铸造生产常用的熔炼设备有冲天炉(熔炼铸铁)、电弧炉(熔炼铸钢)、坩埚炉(熔炼有色金属)、感应加热炉(熔炼铸铁和铸钢)。

③浇注

将金属液从浇包注入铸型的操作过程,称为浇注。铸铁的浇注温度在液相线以上200 ℃(一般为1 250~1 470 ℃)。若浇注温度过高,金属液吸气太多,液体收缩大,铸件容易产生气孔、缩孔、黏砂等缺陷;若浇注温度过低,金属液流动性能差,逐渐易产生浇不足、冷隔等缺陷。

5)落砂、清理与检验

①落砂

用手工或机械使铸件与型砂(芯砂)、砂箱分开的操作过程称为落砂。浇注后,必须经过充分的凝固和冷却才能落砂。若落砂过早,逐渐冷速过快,使铸铁表层出现白口组织,导致切屑困难;若落砂过晚,由于收缩应力大,使铸铁产生裂纹,且生产率低。

②清理

落砂后,用机械切屑、铁锤敲打、气割等方法清除表面黏砂、型砂(芯砂)、多余金属(浇口、冒口、飞翅和氧化皮)等操作过程,称为清理。铸件清理后应进行质量检验,并将合格铸件进行去应力退火。

③检验

铸件清理后应进行质量检验。可通过眼睛观察(或借助尖嘴锤)找到铸件的表面缺陷,如气孔、砂眼、黏砂、缩孔、浇不足、冷隔。对于铸件内部缺陷可进行耐压试验、超声波探伤等。

(2)合金的铸造性能

合金的铸造性能是合金在铸造过程中表现出来的工艺性能,其优劣程度直接影响铸件的质量。通常用合金的流动性、收缩性、吸气性及偏析倾向等来衡量。其中,以流动性、收缩性对铸件的质量影响最大。

1)合金的流动性

①流动性的概念

液态金属的流动能力,称为流动性。考虑受铸型及工艺因素影响的液态金属流动性,称为充型能力。流动性直接影响金属液的充型能力。流动性好的合金,容易获得形状完整、尺寸准确、轮廓清晰的铸件。对于薄壁和形状复杂的铸件,合金流动性的好坏,往往是能否获得合格铸件的决定因素。流动性不好的合金容易使铸件产生冷隔、浇不足等缺陷。

②影响流动性的因素

A. 化学成分

不同的化学成分,由于结晶特点不同。共晶成分的合金是在恒温下结晶的,熔点最低,保持液态的时间最长,故流动性能最好;结晶温度范围大的合金,由于在液固两相区先结晶

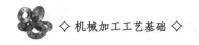

出树枝状初晶体,这种在液态合金中互相交错的树枝状晶体会增大液态流动时的阻力,故流动性就差。在常用铸造合金中,灰铸铁的流动性最好,铸钢的流动性最差。

B.浇注温度

合金浇注温度越高,保持液态的时间越长,液态合金的黏度越小,则液态合金的充型能力越强。浇注时,液态合金的压力越高,流速越大,也就越有利于充填铸型。在生产中,对于薄壁、形状复杂和流动性差的合金,常采用提高浇注温度、增大液态合金的压力和提高浇注速度等措施,以提高液态合金的充型能力。

C.铸型条件和铸件结构

铸型中凡是能增加金属液流动阻力和冷却素的因素,如型腔表面粗糙、排气不畅、内浇道尺寸过小铸型材料导热性大、铸件形状过分复杂、铸件壁过薄等,均会降低金属流动性。

2)合金的收缩

合金在液态凝固和冷却至室温过程中,产生体积和尺寸减小的现象,称为收缩。它包括液态收缩、凝固收缩和固态收缩3个阶段。液态收缩和凝固收缩引起金属体积缩小,称为体收缩;固态收缩引起铸件尺寸减小,称为线收缩。

①收缩对铸件质量的影响

A.缩孔和缩松

金属液在凝固过程中,由于补缩不良而在铸件中产生空洞称为缩孔,分散的缩孔称为缩松。缩孔的形成过程如图4.9所示。金属液充满型腔后,先凝固结成一层硬壳。由于液态收缩和凝固收缩,液面下降。随着温度继续降低,硬壳逐渐加厚,液面继续下降。凝固完成,便在铸件上部形成缩孔。

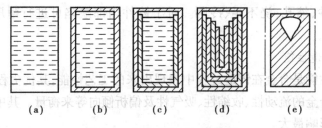

图4.9　缩孔形成过程示意图

缩孔和缩松会降低铸件的力学性能,缩松还会降低铸件的气密性。采用定向凝固原则可防止缩孔的产生。在铸件上可能出现缩孔的部位设置冒口,并使远离冒口的部分先凝固,靠近冒口的部位后凝固,冒口最后凝固。这样,缩孔便转移到冒口中,已获得致密的铸件。壁厚变化不呈单向性,为此在铸件的下部壁厚处安放两块冷铁,以加快冷却,使铸件自上而下定向凝固,并由上部冒口进行补缩。

B.铸造应力

铸件因固态收缩而引起的内应力,称为铸造应力。铸造应力有热应力和收缩应力两种。热应力是铸件各部位冷却收缩不一致而引起的内应力。收缩应力是铸件受到铸型、型芯、浇冒口的阻碍而产生的内应力。铸造应力是铸件产生变形或开裂的主要原因,因此,应采取措施尽量减小或消除铸造应力。例如,设计铸件时,尽量使壁厚均匀;采用退让性好的型砂和芯砂;合理设计铸造工艺,是铸件各部冷却一致;对铸件进行去应力退火。

②影响收缩性的因素

A.化学成分

金属的化学成分不同,收缩也不同。在常用合金中,以灰铸铁收缩最小,铸钢的收缩最大。

B.浇注温度

浇注温度越高,液体收缩越大,产生缺陷的可能性也越大。因此,在保证流动性的前提下,浇注温度尽可能低一些。

C.铸型条件和铸件结构

铸型型腔和型芯对合金的体收缩期阻碍作用。另外,由于铸件壁厚不可能很均匀,因此各处合金凝固、冷却的快慢也不可能一样,先凝固、冷却的部分牵制着后凝固、冷却部分的收缩。上述阻碍和牵制作用均可减小合金在固态下的线收缩率。

3)常用合金的铸造性能

①铸铁的铸造性能

A.灰铸铁

灰铸铁中碳的质量分数接近共晶成分,熔点低,凝固温度范围小,流动性好,可以浇注形状复杂和壁薄较小的铸件。由于灰铸铁在结晶过程中有石墨析出,因此其收缩率较小,不容易产生缩孔和缩松,也不容易产生开裂。可以说,灰铸铁是各类铸铁中铸造性能最好的合金,因此,它的应用也最广泛。孕育铸铁是经变质处理的灰铸铁,强度高,其含碳量离共晶成分稍远,流动性稍低于普通灰铸铁,收缩性略大于普通灰铸铁。

B.球墨铸铁

球墨铸铁中碳的质量分数也接近共晶成分,但是由于铁液出炉后要进行球化处理,因此浇注时温度较低,流动性较差,容易使铸件产生冷隔、浇不足等缺陷。生产中,常用提高铁液出炉温度的措施来改善流动性,采用增大浇注系统尺寸的措施来提高浇注速度。球墨铸铁的体缩率较大,生产中常采用顺序凝固和增设冒口等措施,防止铸件中产生缩孔、缩松等缺陷。一般来说,球墨铸铁的铸造性能比灰铸铁差一些,但是比铸钢的铸造性能要好,因此,球墨铸铁在生产中也得都较广泛的应用。

C.蠕墨铸铁

蠕墨铸铁是用高碳低碳铁液,经蠕化处理后得到的一种高强度铸铁。因为石墨形状似蠕虫,石墨条端部呈圆弧状,故称蠕墨铸铁。由于蠕墨铸铁中碳的质量分数接近共晶成分,加之铁液又经蠕化剂(稀土合金)净化,因此其流动性较好,接近灰铸铁。蠕墨铸铁的体收缩率介于灰铸铁和球墨铸铁之间,它的浇注系统尺寸可按灰铸铁设计。

D.可锻铸铁

可锻铸铁要由铁液先浇注成白口铸铁件,再经高温退火而使渗碳体分解为团絮状石墨。可锻铸铁中碳的质量分数较低,因此它的熔点较高,结晶时凝固温度范围较大,这就使可锻

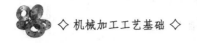

铸的流动性较差,体收缩率较大,其铸造性能比上面3种铸铁都差。

②铸钢的铸造性能

铸钢的熔点高,流动性差,收缩率大,其铸造性能不如铸铁。为了防止铸钢产生冷隔、浇不足等缺陷,生产中要严格控制铸件的壁厚,增大浇注系统的尺寸,采用干型或热型浇注。防止铸件中产生缩孔、缩松等缺陷,要求铸件的壁厚尽量均匀。对于壁厚相差较大的铸钢件,常采用顺序凝固和增设冒口等补缩措施。对于壁厚均匀的薄壁铸钢件,由于产生缩孔的可能性不大,可采用多开内浇道增大浇注速度,并创造同时凝固的条件,以减小铸造应力,防止铸件开裂。此外,由于钢液温度高,容易使铸件产生黏砂。因此,铸钢件要用耐火度较高的型砂,一般常用人工破碎的硅砂配制。

(3)铸造工艺设计基础

1)铸件浇注位置的选择原则

浇注时,铸件在铸型中所处的位置,称为浇注位置。浇注位置选择得正确与否,对铸件质量和造型工艺影响很大。因此,在选择浇注位置时,应遵守以下4项原则:

①铸件的重要加工面或主要加工面应朝下。在浇筑过程中,液态合金中密度较小的沙粒、渣子和气体等容易上浮,只是铸件的上表面容易产生砂眼、气孔、夹渣等缺陷,组织也不如下表面致密。如果这些加工面难以朝下,则应尽量使其位移侧面。当铸件的重要加公面有数个时,则应将较大的平面朝下。如图4.10所示为机床床身铸件的浇注位置方案。由于床身导轨面是关键表面,不允许有明显的表面缺陷,而且要求组织致密,因此,通常将导轨面朝下浇注。

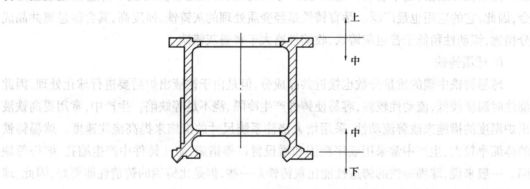

图4.10 机床床身铸件的浇注位置方案

②铸件上的大平面应朝下。铸件的大平面若朝上,容易产生夹砂缺陷,这是由于在浇筑过程中金属液对型腔上表面有强烈的热辐射,型砂因急剧热膨胀和强度下降而拱起或开裂,于是铸件表面形成夹砂缺陷。因此,平板、圆盘类铸件的大平面应朝下。

③铸件的薄壁部位应置于下部。具有大面积薄壁的铸件,应将薄壁部分分置于铸型下部或使其处于垂直或倾斜位置。这是为了防止薄壁部分产生冷隔、浇不足等缺陷。

④容易产生缩孔的铸件,应使厚壁的部分放在铸型的上部或侧面这是为了有利于安置冒口,以利于补缩。

2）铸型分型面的选择原则

铸型分型面的选择正确与否是铸造工艺和理性的关键之一。如果选择不当，不仅影响铸件质量，而且还会是制模、造型、造芯、合箱或清理等工序复杂化，甚至还可增大切屑加工的工作量。因此分型面的选择应能在保证铸件质量的前提下，尽量简化工艺，节省人力、物力。分型面的选择原则如下所述：

①尽量使分型面平直、数量少，以便简化造型，减少错型等缺陷。

②分型面应选择在铸件最大截面处，以便起模。

③应尽量使铸件全部或大部分置于同一砂箱，以保证铸件的精度。

④应尽量使腔型及主要型芯位于下箱，以便于造型、下芯、合箱和检验等。

3）工艺参数的选择

铸造工艺参数是铸造工艺过程有关的某些数据，直接影响模样、芯盒的尺寸和结构，选择不当会影响铸件的进度和成本。

①机械加工余量和最小铸孔

在铸件上切屑加工而加大的尺寸称为机械加工余量。加工余量的大小与很多因素有关。大量生产时，因采用机器造型，铸件精度高，故余量可减少；铸钢件因表面粗糙，余量应加大；非铁合金铸件价格昂贵，且表面光洁，故余量因比铸铁小。铸件的尺寸越大或加工面与基准面的距离越大，铸件的尺寸误差越大，故余量也应随之加大。

铸件的孔槽是否铸出，不仅取决于工艺上的可能性，还必须考虑其必要性。一般来说，较大的孔、槽应当铸出。但较小的孔、槽不必铸出，留待在切削加工时钻出反而更经济。对于零件图上要求加工的孔、槽，无论大小均应铸出。

②起模斜度

为了使模样（或型芯）便于从砂型（或芯盒）中取出，凡垂直于分型面的立壁在制造模样时，必须留出一定的倾斜度，此倾斜度称为起模斜度、起模度的大小取决于立壁的高度、造型的方法、模样材料等因素，通常 $3° \sim 15°$。立壁越高，斜度越小；机器造型应比手工造型小，而木模应比金属模斜度大。为使型砂便于从模样内腔取出，以形成自带型芯，内壁的起模斜度应比外壁大，通常为 $3° \sim 10°$。

③先收缩率

由于合金的收缩率，铸件冷却后的尺寸将比型腔尺寸略为缩小，为保证铸件应有的尺寸，模样尺寸必须比铸件放大一个该合金的收缩量。在铸件冷却过程中，其线收缩不仅受到铸型和型芯的机械阻碍，同时，还受到铸件各部分别之间的相互制约。因此，铸件的实际收缩率随合金的种类而异外，还与铸件的行状、尺寸有关。通常，灰铸铁为 $0.7\% \sim 1.0\%$，铸钢为 $1.5\% \sim 2.0\%$，铝硅合金为 $0.8\% \sim 1.2\%$。

④型芯头

型芯头是指型芯的外伸部分，不形成铸件轮廓，造型下芯时，芯头落入铸型座内。芯头的作用是实现型芯在铸型中的定位、固定和通气。根据型芯的安放位置，芯头分水平芯头和垂直芯头。芯头的各部分尺寸、斜度可参与有关工艺手册。

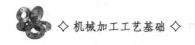

（4）铸造的结构工艺性

1）合金铸造性能对铸件结构的要求

①铸件的壁厚合理

一般来说，铸件的壁厚应当首先保证合金流动性的要求，然后再考虑尽量不使铸件的壁厚过大。铸件合金能充满铸型的最小厚度，称为铸造合金的最小壁厚。实际铸件壁厚若小于这个最小值，很容易在铸件上出现冷隔和浇不足等缺陷。

②铸件的壁厚应均匀

铸件各处的壁厚如果相差太大，易引起大的内应力，并且厚壁处易产生缩孔、缩松、晶粒粗大等缺陷。

③壁间连接应合理

壁间连接要采用圆角连接。在铸件的转弯处如果是直角连接，则在此处不仅会形成热节，容易产生缩孔和结晶脆弱区，又因产生应力集中容易导致结晶脆弱出产生裂纹。

厚薄壁交界处应逐步过渡。铸件各处的壁厚很难做到完全一致。此时，应注意避免厚壁与薄壁连接处的突变，而应当使其逐步过渡。

壁间连接应避免交叉和锐角。两个以上铸件壁相连接处往往会形成热节，如果能避免交叉结构和锐角相交，即可防止缩孔缺陷。

④铸件应尽量避免大的水平面

铸件上大的水平面不利于金属液的充填，同时，平面上也易掉砂而使铸件产生夹砂等缺陷。

避免铸件收缩时受阻。在铸件最后收缩的部分，如果不能自由收缩的话，则此处会产生拉力。由于高温的合金抗拉强度很低，因此铸件容易产生热裂缺陷。

2）铸造工艺对铸件结构的要求

①尽量减少分型面

造型工作量约占砂型铸造总工作量的1/3，因此，减少造型工作量是提高生产效率的重要措施。分型面少，可减少砂箱使用量和造型工时，也可减少因错型、偏芯而引起的铸造缺陷。如果铸件有两个分型面，必须采用三箱造型方法生产，生产效率低，而且易产生错型缺陷。在不影响使用性能的前提下，只有一个分型面，可采用两箱造型方案。

②尽量使分型面平直

铸型的分型面若不平直，造型时必须采用挖砂造型。

③尽量少用或不用型芯

减少型芯或不用型芯，可简化铸造工艺，降低成本。为此，应使铸型型腔尽量利用自然形成的砂垛（上型称为吊砂，下型称为自带型芯）来得到，就可以省型芯。

④尽量不用或少用活块

铸件侧壁上如果有凸台，可采用活块造型。但是，活块造型法的造型工作量较大，而且操作难度也大。如果把离分型面不远的凸台延伸到便于起模的地方，就可免去或减少起活块操作。

⑤应有结构斜度

垂直于分型面的非加工表面,为便于起模,均应设计结构斜度,并且因模样不需要较大的松动而提高铸件的尺寸精度。立壁高度越小,结构斜度越大。

(5)特种铸造简介

与砂型铸造不同的其他铸造方法称为特种造型。随着技术的发展,特种铸造在铸造生产中占有相当重要的地位。在特定条件下,特种铸造能提高铸件尺寸精度,降低表面粗糙度,提高金属性能,提高生产率,改善工作条件等。常用的特种铸造方法有熔模铸造、金属型铸造、压力铸造、离心力铸造、低压铸造、陶瓷铸造等。

1)熔模铸造

用易熔材料(如蜡料)制成模样,在模样上包覆若干层耐火涂料,制成型壳,熔出模样后经高温焙烧即可的铸造方法,称为熔模铸造。母模是用钢或铜合金制成的标准模样,用来制造压型。压型是用来制造蜡模的特殊造型。将配成的蜡模材料(常用的是50%石蜡和50%硬脂酸)溶化挤入压型中,即得到单个蜡模。再把许多蜡模黏合在蜡质浇注系统上,成为蜡模组。蜡模组浸入以水玻璃与石英粉配制的涂料中,取出后再撒上石英砂并在氯化铵溶液中硬化,重复数次直到结成厚度达5～10 mm的硬壳为止。接着将它放入85 ℃左右的热水中,使蜡模溶化并流出,从而形成造型型腔。为了提高铸型强度及排除残蜡和水分,最后还需将其放入850～950 ℃的炉内焙烧,然后将铸型放在砂箱内,周围填砂,即可进行浇注。

熔模铸造的特点是:铸型一个整体,无分型面,故可制作出各种形状复杂的小型零件(如汽轮机叶片、刀具等);尺寸精确、表面光洁,可达到少切削或无切削加工。熔模铸造适用于工艺过程复杂的精密铸件或熔点高、难以切削加工的金属。但是,熔模铸造工艺过程复杂,生长周期长,铸件制造成本高。由于壳型强度不高,故熔模铸造不能制造尺寸较大的铸件。

2)金属型铸造

金属型铸造是指在重力作用下将金属液浇入金属型获得铸件的方法。

与砂型铸造相比较,金属型铸造的主要优点是:一个金属型可浇注几百次至几万次,节省了造型材料和造型工时,提高了生产率,改善了劳动条件,所得铸件尺寸精度较高。另外,由于金属型导热快,铸件晶粒细,因此其力学性能也较高。但金属型铸造周期较长,费用较高,故不适于单件、小批生产。同时,由于铸型冷却快,铸件形状不宜复杂,壁不宜太薄,否则产生浇不足、冷隔等缺陷。目前,金属型铸造主要用于有色金属铸件的大批生产,如内燃机活塞、汽缸体、汽缸盖、轴瓦、衬套等。

3)压力铸造

压力铸造就是将金属液在高压高速充填金属型腔,并在压力下凝固成铸件的铸造方法。常用压力铸造的压力为5～70 MPa,冲型速度为5～100 m/s。压力铸造在压铸机上进行。

压力铸造是在高压高速下注入金属液的,故可以得到形状复杂的薄壁件,而且压力铸造的生产效率高。由于压力铸造保留了金属型铸造的一些特点,合金又是在压力下结晶的,因此铸件晶粒细,组织致密,强度较高。但是,铸件易产生气孔与缩松,而且设备投资较大压力铸型费用较高,因此,压力铸造适用与大批生产薄壁的有色合金中小铸件。

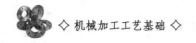

4)离心铸造

离心铸造是将金属液在离心力作用下填充铸型并凝固结晶的铸造方法。离心铸造的型可以是金属型,也可以是砂型。铸型在离心铸造机上根据需要可以绕垂直轴旋转,也可绕水平轴旋转。离心铸造可省去型芯,可以不设浇注系统,因此减少了金属液的消耗量。

离心铸造主要用于生产圆形中空铸件,如各种管子、缸套、轴套、圆环等。

任务4.3 端盖零件的加工

4.3.1 端盖零件的加工工艺

(1)工件的安装和夹具

经分析零件图可知,孔轴线 $\phi 35_{-0.050}^{-0.025}$ 是高度和宽度和方向的设计基准,左端面是长度方向的设计基准。零件安装所用的夹具主要有三爪卡盘、虎钳、磁力吸盘等。由于圆盘轴向尺寸较小,采用三爪卡盘直接夹易使工件不平(定位不足),往往采用反爪安装,并保证与另一端面的平行度;其他表面加工(铣、钻),尽量选择通用夹具(如虎钳),安装非常方便;孔 $3 \times \phi 5$ 具有对 A 基准的位置度要求,可利用数显钻床保证。刀具选择时,注意定尺寸刀具的尺寸对应,不通孔加工应用应用盲孔车刀。量具选用游标卡尺。

(2)零件加工工艺过程

$\phi 35_{-0.050}^{-0.025}$ 是精度最高的表面,属于 f7;端面和尺寸为 15 的平面在安装上与其他件配合有垂直直度的要求,表面粗糙度 $R_a 6.3$ μm,是加工的关键表面,在加工中注意一次装夹,以保证这些形位公差。在表面加工中,粗、半精加工仍以车为主;其余表面按其形状选择适当方法:侧平面采用铣削,安装孔采用钻削,为保证这些表面在零件上的位置精度,加工前先加工基准。

按照先后次、基面先行、基准统一等原则,考虑端盖零件的机加工工艺路线如下:

铸—热—喷丸—涂漆—车—划线—钻—铣侧面

1)制造毛坯

铸造毛坯。

2)选择端盖的基准

①经分析零件图可知,$\phi 35_{-0.050}^{-0.025}$ 轴线是高度和宽度方向的设计基准,左端面是长度方向的设计基准。可以利用 $\phi 35_{-0.050}^{-0.025}$ 的毛坯表面作为基准,进行加工 $\phi 54$ 外圆柱面和端面。

②根据基准重合原则,考虑选择已加工的 $\phi 54$ 外圆柱面和左端面作为精基准。这样可以保证关键表面 $\phi 35_{-0.050}^{-0.025}$ 外圆的中心线与左端面和距离左端面 15 平面的垂直度要求。此外,这一组定位基准定位面积较大,工件的装夹稳定可靠,容易操作。

③加工 3×φ5 孔时,由于左端面的直径只有 $\phi 35^{-0.025}_{-0.050}$,比 3×φ5 底面小,工件装夹有可能不够稳定可靠。改用 φ54 底面定位,可大大提高工件装夹的稳定可靠性。因此,加工 3×φ5 孔时,采用 φ54 底面与 $\phi 35^{-0.025}_{-0.050}$ 孔作为定位基准更合理。

3)选择端盖各表面的加工方法

根据加工表面的精度和表面粗糙度要求,查项目2《外圆表面加工方案》,可查得各表面的加工方案。

4.3.2 端盖零件的加工机床与刀具

(1)钻床、拉床

钻床是指主要用钻头在工件上加工的机床。常用的钻床有台式钻床立式钻床和摇臂钻床。

1)台式钻床

台式钻床简称台钻(见图 4.11)。它是一种放在台桌上使用的小型钻床,其钻孔直径一般在 12 mm 以下,最小可加工小于 1 mm 的孔。由于加工的孔径较小,台钻的主轴转速一般较高,最高的转速接近每分钟上万转。主轴的转速可用改变三角胶带在带轮上的位置来调节。台钻主轴的进给是手动的。台钻小巧灵活,使用方便,主要用于加工小型零件上的各种小孔,在仪表制造、钳工和装配中用得最多。

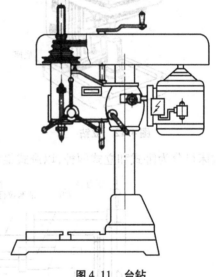

图 4.11 台钻

2)立式钻床

立式钻床简称立钻,如图 4.12 所示。立式钻床由工作台、主轴、进给箱、主轴变速箱、立柱、操作手柄及底座等部件组成。加工时,装在主轴上的刀具旋转作主运动,并沿轴向移动作进给运动。立式钻床的主轴转速和进给量可在较大的范围内调整,且可自动进给。但是,立式钻床主轴中心线位置不能调整,若要加工不同轴线上的孔,则要移动工件位置。因此,它只适用于单件小批量生产加工中、小型零件上孔径 d<80 mm 的孔。

3)摇臂钻床

在大型的工件上钻孔,希望工件不动,钻床主轴能任意调整其位置,这就需要摇臂钻床。如图 4.13 所示为摇臂钻床,由机座、立柱、摇臂、主轴箱、工作台等部分组成。摇臂可绕立柱回转,主轴箱可沿摇臂的导轨作水平移动,这样很方便地调整主轴的位置,对准工件被加工孔的中心。工件可安装在工作台上,如工件较大,可移动工作台,直接装在机座上。摇臂钻床适用于单件或成批生产的大、中型工件和多孔工件的孔加工。

4)拉床

拉床是高效率的直线运动机床,利用拉刀与工件间的相对运动能一次完成切削加工。

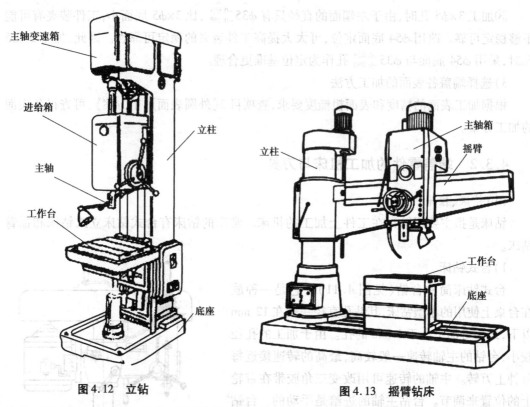

图 4.12 立钻   图 4.13 摇臂钻床

拉床可分为卧式和立式两种,以卧式最常见,如图 4.14 所示。

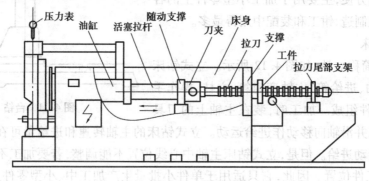

图 4.14 拉床

拉床一般是由液压驱动的,主参数为额定拉力(单位:kN)。拉削时,只有拉力作平稳的直线低速运动(主运动),没有进给运动,它的进给量则是由拉刀的结构(即刀齿后一齿较前一齿的齿升量)来完成的。这也是拉削较其他切削加工的独特之处。

从切削性质看,拉削近似刨削,相当于多把刨刀按齿升顺序排列同时参加切削。拉削最初是用来加工内键槽的,由于它明显的优点,拉刀很快应用于各种表面(如内表面、平面成形面等)的加工,如图 4.15 所示。

虽然拉刀和工件之间的相对运动通常是一个简单的直线运动,但如果附加一个旋转运动,也可拉削螺旋槽,如螺旋花键。

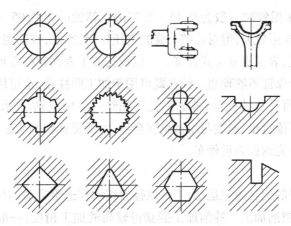

图 4.15　拉削加工的典型表面

拉削通常在卧式拉床上进行,但对于平面拉削,一般采用立式拉床拉削。

(2)孔加工刀具的结构与选用

1)孔加工方法的选用

孔加工方法的选用与孔本身的结构有关:在实体工件上加工出孔是采用钻削加工;对已有孔进行扩大尺寸并提高精度及光度是采用铰削、镗削加工,对孔进行精加工,生产中主要采用磨削;而进一步提高孔的表面质量还需采用精细镗、研磨、衍磨、滚压等光整加工方法。

①钻削加工

在钻床上以钻头的旋转主运动,钻头向工件的轴向移动作进给运动,在实体工件上加工出孔的方法,称为钻削。按孔的直径、深度的不同,生产中有各种不同结构的钻头,其中,麻花钻最为常用。由于麻花钻存的结构问题,采用麻花钻钻孔时,轴向力很大,定心能力较差,孔易引偏;加工中摩擦严重,加之冷却润滑不便,表面较为粗糙。故麻花钻钻孔的精度不高,一般为 IT13—IT12,表面粗糙度达 $R_a 12.5 \sim 6.3\ \mu m$,生产效率也不高。因此,钻孔主要用于 $\phi 80$ 以下的孔径的粗加工。例如,加工精度、表面粗糙度要求不高的螺钉孔、油孔或对精度、表面粗糙度要求较高的孔作预加工。生产中,为提高孔的加工精度、生产效率和降低生产成本,广泛使用钻模、多轴钻或组合机床进行的孔加工。当孔的深径比达到 5 及以上时为深孔,深孔加工难度较大,主要表现在刀具刚性差、导向难、排屑难、冷却润滑难等方面。有效地解决以上问题,是保证深孔加工质量的关键。一般对深径在 5 ~ 20 mm 的普通深孔,在车床用加长麻花钻加工;对深径比达 20 mm 以上的深孔,在深孔钻床上用深孔加工;当孔径较大,孔加工要求较高时,可在深孔镗床上加工。

当工件上已有颈孔(如铸孔、锻孔或已加工孔)时,可采用扩大的加工,称扩孔。扩孔也属钻削范围,但精度、质量在钻孔基础上均有所提高,一般扩孔精度达 IT12—IT10,表面粗糙度达 $R_a 6.3 \sim 3.2\ \mu m$,故扩孔可用于较高精度的孔的预加工外,还可使一些要求不高的孔达到价格比要求。加工孔径一般不超过 $\phi 100$ mm。

②铰削加工

铰削是对中小直径的已有孔精度、质量提高的一种常用方法。铰削时,采用的切削速度较低,加工余量较小(粗铰时一般为 0.15~0.35mm,精铰时为 0.05~0.15mm),校准部分长,铰削过程中挤压变形较大,但对孔壁有修光熨压作用,因此,铰削通过对孔壁薄层余量的去除使孔的加工精度、表面质量得到提高。一般铰孔加工表面粗糙度可达 R_a0.4~1.6 μm,但铰孔对位置精度的保证不够理想。铰孔既可用于加工圆柱孔,也可用于加工圆锥孔;既可加工通孔,也可加工盲孔。铰孔前,被加工孔应先经过钻削或钻、扩孔加工,铰削余量应合理,既不能过大,也不能过小,速度与用量也应合适,才能保证铰削质量。另外,铰削中,铰刀不能倒转,铰孔后,应先退铰刀后停车。

③镗削加工

在镗床上以镗刀的旋转为主运动,工件或镗刀移动作进给运动,对孔进行扩大孔径及提高质量的方法,称为镗削加工。镗削加工能获得较高的加工精度,一般可达 IT7—IT8,较高的表面粗糙度一般为 R_a1.6~0.8 μm。但要保证工件获得高的加工质量,除与所有加工设备密切相关外,还对工人技术水平要求较高。加工中调整机床、刀具时间较长,故镗削加工生产率不高,但镗削加工灵活性较大,适应性强。

生产中,镗削加工一般用于加工机座、箱体、支架及非回转体等外形复杂的大型零件上的较大直径孔,尤其是有较高位置精度要求的孔与孔系;对外圆、端面、平面也可采有镗削进行加工,且加工尺寸可大可小;当配备各种附件、专用镗杆和相应装置后,镗削还可用于加工螺纹孔、孔内钩槽、端面、内外球面及锥孔等。

当利用高精度镗床及具有锋利刃口的金钢石镗刀,采用较高的切削速度和较小的进给量进行镗削时,可获得更高的加工精度及表面质量,称为精镗或金刚镗。精镗一般用于对有色金属等软材料进行孔的加工。

2)孔加工刀具

孔加工刀具种类很多,从单刃到多刃从适应粗加工到适应精加工,从加工通孔到加工盲孔,从加工小孔到加工大孔,从加工浅孔到加工深孔,各具特色,但大多数为定尺寸刀具。

①麻花钻

麻花钻主要用于在实体材料上打孔,是目前孔加工中应用最广的刀具。

麻花钻由工作部分(包括切削部分和导向部分)、颈部和柄部 3 部分组成,如图 4.16 所示。

A. 柄部

钻头的柄部用于夹持刀具和传递动力。通常直径在 12 mm 以下的小直径钻头采用直柄;而直径大于 16 mm 的较大直径钻头采用锥柄,锥柄可传递较大扭矩,锥柄后端的扁尾用于传递扭矩和便于卸下钻头;直径在 12~16 mm 的钻头直柄、锥柄均可采用。颈部位于工作部与柄部之间,常用来打标记。

B. 工作部分

导向部分有两条对称的棱带和螺旋槽。窄窄的棱带起导向及修光孔壁的作用,同时可减小钻头与孔壁的摩擦;螺旋槽用于排屑及输送切削液。切削部分为两个刀齿,刀齿上均有前刀面、后刀面、副后刀面、主刀刃及副刀刃,两后刀面在钻心处相交形成横刃。切削部分担

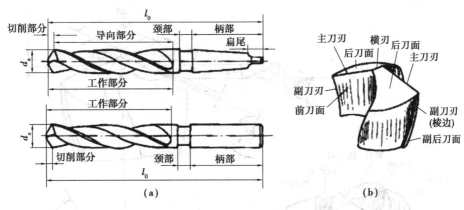

图4.16　麻花钻的构造及其切削部分

负切削工作。

麻花钻两刀齿的前刀面为螺旋槽,螺旋斜角越大,刀具获得的前角越大,切削刃锋利,排屑顺畅,但同时钻头刚性变差。由于刀刃上各点螺旋斜角不同,刀刃上各点的前角也不同,且越向钻心,前角越小,切削挤压变形严重,使钻削力加大。一把中等直径的麻花钻,由于刀刃外缘至钻心,前角相差近60°。

为加强麻花钻的导向作用,钻头两刀齿后刀面几乎作成圆柱形,即副后角为零,导致麻花钻加工中与孔壁摩擦剧烈,使已加工孔壁粗糙,表面质量差。同时,因刀具外缘处速度最高,故钻头主副刃转角处磨损严重,使刀具耐用度下降。

为提高刀具刚度,麻花钻两刀齿交错布局而形成横刃,受结构限制,横刃前角负值很大,工作中挤压非常严重,经实测,麻花钻工作中有大约57%的轴向力由横刃引起,加之横刃有一定宽度,使麻花钻工作中的定心能力较差,被加工的孔易出现引偏现象。

目前,麻花钻已标准化、系列化。但针对麻花钻工作中轴向大、定心性差、易引偏和表面粗糙度大及刀具耐用度低等问题,为改善其切削性能,往往对麻花钻进行修磨。修磨部分主要是横刃和麻花钻的转角。例如,磨窄磨尖横刃可降轴向力;磨出多重锋角可提高转角处刀具刚度,增大散热体积,降低刀具磨损提高刀具耐用度。

②群钻

群钻是针对标准麻花钻工作中存在的不足,经长期生产经验总结采取多种修磨措施而形成的新型钻头结构,如图4.17所示。其主要结构特征是:将两主切削刃接近钻心处磨成圆弧内刃以提高该处刀刃锋利性;将横刃磨窄磨尖,改善其切削性能并提高定心性,同时降低横刃尖高以保证刀尖足够的强度和刚度;在外刃上开出分屑槽,以利于排屑;磨窄刃带以减少刀具与孔壁的摩擦。从而形成了"三尖七刃锐当先,月牙弧槽分两边,一侧外刃在开槽,横刃磨低窄又尖"的新格局,与标准麻花钻相比,采用群钻加工孔,可明显降低轴向力,提高定心能力,提高钻削加工精度、表面质量及钻头的耐用度。目前,群组钻按工作材料的不同,加工孔径有所不同,实现了标准化、系列化。

③扩孔钻

扩孔钻用于对工作上已有孔进行扩径加工,扩孔钻如图4.18所示。与普通麻花钻相

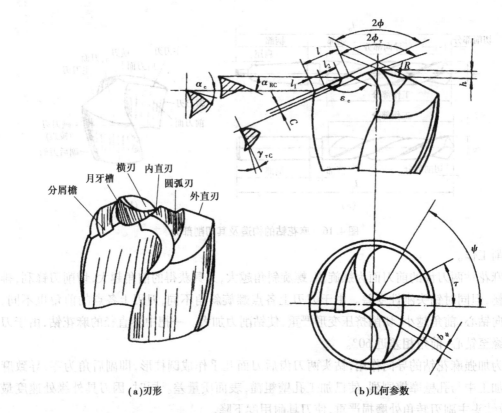

(a)刃形
(b)几何参数

图 4.17 群钻

比,扩孔钻的刀刃一般为 3 ~ 4 齿,工作平稳性、导向性提高;因无须对孔心进行加工,故扩孔钻不设横刃;由于切屑少而窄,可采用较浅容屑槽,刀具刚度得以改善,既有利于加大切削用量,又提高生产率。同时,切屑易排,不易划伤已加工表面,使表面质量提高。

扩孔钻按刀具切削部分材料的不同,可分为高速钢和硬质合金。小直径高速钢扩孔钻,采用整体直柄结构;直径较大时,采用整体锥柄结构或套式接构。硬质合金扩孔钻除具有直柄、锥柄、套式(将硬质合金刀片焊接或镶嵌于刀体),等结构形式外,大直径的扩孔钻,常采用机夹可转位形式,如图 4.18 所示。

④锪钻

锪钻用于加工工件上已有孔上的沉头孔(有圆柱形和圆锥形之分)和孔口凸台、端面,如图 4.19 所示。锪钻大多数采用高速钢制造,只有加工端面凸台的大直径端面锪钻采用硬质合金钢制造,并采用装配式结构。平底锪钻一般有 3 ~ 4 个刀齿,前方的导柱有利于控制已有孔与沉头孔的同轴度。导柱一般作成可卸式,以便于刀齿的制造及刃磨,同一直径锪钻还可有多种直径的导柱。锥孔锪钻的锥度一般有 60°,90°,120°这 3 种。其中,90°为常用。

⑤铰刀

铰刀由工作部分、颈部和柄部组成,如图 4.20 所示。工作部分包括切削部分和校准部分。导锥和切削锥构成切削部分,导锥便于铰刀工作时的引入,切削锥起切削作用;校准部分的圆柱部分可起导向性、校准和修光作用,倒锥则可减少铰刀与孔壁的摩擦和防止孔径扩大。

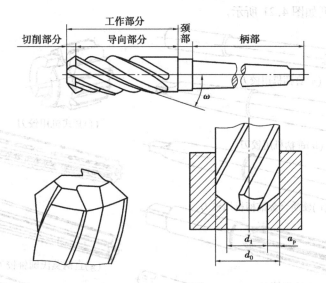

图 4.18　扩孔刀

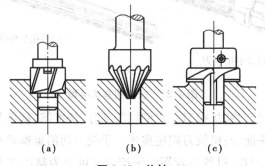

图 4.19　锪钻

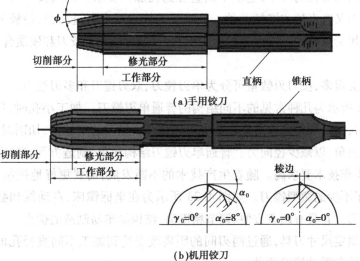

图 4.20　铰刀

常用铰刀类型如图 4.21 所示。

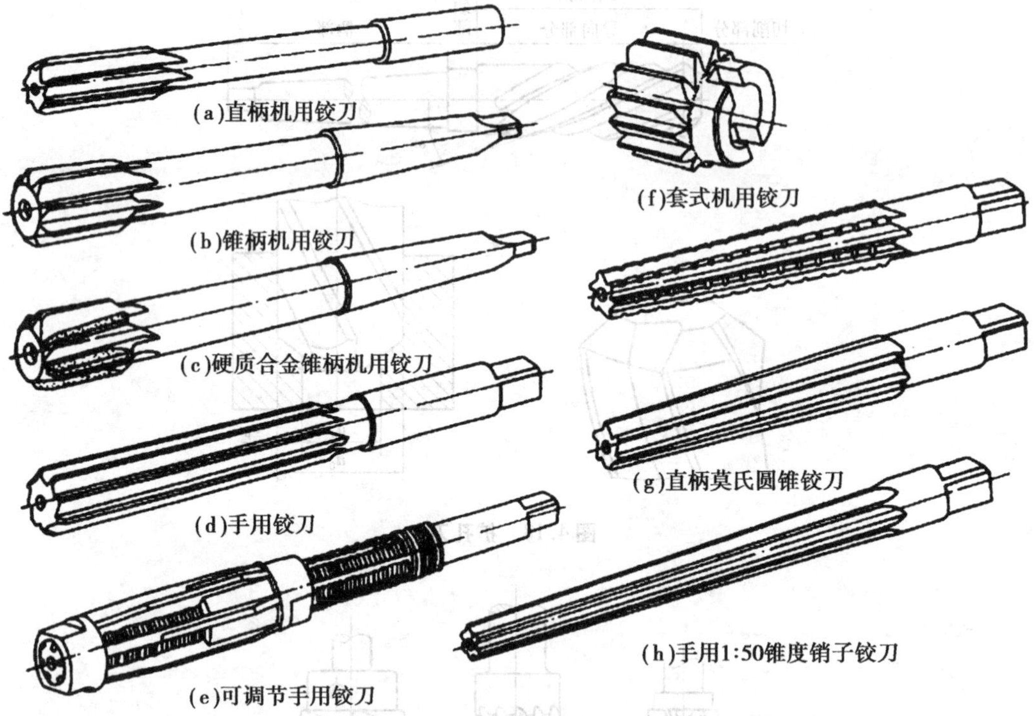

(a)直柄机用铰刀

(b)锥柄机用铰刀

(c)硬质合金锥柄机用铰刀

(d)手用铰刀

(e)可调节手用铰刀

(f)套式机用铰刀

(g)直柄莫氏圆锥铰刀

(h)手用1:50锥度销子铰刀

图 4.21　铰刀的基本类型

一般铰刀可分为手铰刀和机铰刀。它们切削部分、校准部、柄部均有不同。手铰刀柄尾为方头,便于与套筒扳手配合;机铰刀则尾扁尾。手铰刀切削锥锥角小,锥长;机铰刀切削锥较短。手铰刀校准圆柱较长,机铰刀较短。手铰刀又可分为整体式和可调试。可调式铰刀能在一定范围内调节径向尺寸,适应不同直径的孔加工要求。机用铰刀可分为带柄式和套式。带柄式铰刀又有直柄和锥柄两种。小直径的铰刀用直柄,较大直径铰刀用锥柄。大直径铰刀则可采用套式结构。按刀具材料的不同,可分为高速钢铰刀和硬质合金铰刀。

⑥镗刀

镗刀的种类很多,按刀刃数量可分为单刃镗刀、双刃镗刀和多刃镗刀。

如图 4.22 所示为几种常见的不同结构的普通单刃镗刀。加工小孔时,镗刀可作成整体式,加工大孔时,镗刀可作成机夹式或机夹可转位式。镗刀的钢性差,切削时易产生振动,故镗刀有较大主扁角,以减少径向力。普通单刃镗刀结构简单,制造方便,通用性强,但切削效率低,对工人操作技术要求高。随着生产技术的不断发展,需要更好地控制、调节精度和节省时间,出现了不少的微型镗刀。如图 4.23 所示为在坐标镗床、自动线和数控机床上使用的一种微调镗刀。它具有调节方便、调节精度高、结构简单易制造的优点。

双刃镗刀属定尺寸刀具,通过两刃间的距离改变达到加工不同直径孔的目的。常用的有固定式镗刀块和浮动镗刀两种。

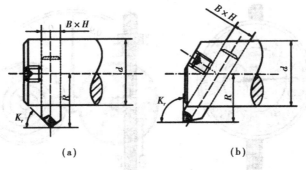

图 4.22　单刃躺倒

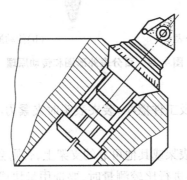

图 4.23　微调镗刀

任务 4.4　端盖零件的检测

4.4.1　内径百分表的使用

（1）百分表

1）百分表的外形图和传动原理图

百分表的外形图和传动原理图如图 4.24 所示。

①齿侧间隙的消除

通过游丝消除齿偶间隙，提高测量精度。

②测量力的控制

弹簧是控制百分表的测量力的。

百分表的分度值为 00.01 mm，表面刻度盘上共有 100 条等分刻线。因此，百分表齿轮传动机构，应使测量杆移动 1 mm 时，指针回转一圈。百分表的测量范围有 0~3 mm，0~5 mm，0~10 mm 这 3 种。

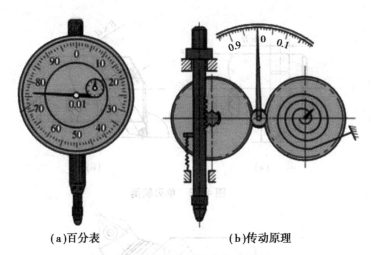

(a)百分表　　　　　　　　　　(b)传动原理

图4.24　百分表外形图和传动原理

2)百分表的使用方法

①测量前应将测杆、测头及工件擦净,装夹表头时夹紧力不宜过大,以免套筒变形及测杆移动不灵活。

②测量时,应把表装夹在表架或其他可靠的支架上,否则会影响测量精度。

③使用百分表对批量工件进行比较测量时,要选用量块或其他标准量具调整百分表指针对准零位,然后把被测工件置放在侧头下,观察指针偏摆记取读数,确定被测工件误差。

④测量平面时,测杆应与被测平面垂直;测量圆柱面时,测杆轴线应通过被测表面的轴线,并与水平垂直。同时,根据被测工件的形状、表面粗糙度等来选用测量头。

⑤为了保证测量力一定,使测头在工件上至少要压缩20~25个分度,将指针与刻度盘零位准,然后轻提测杆1~2 mm,放手使其自然复原。试提2~3次,若指针停在其他位置上应重新调整零位。

⑥读数时,视线要垂直于表盘观读,任何偏斜观读都会造成读数误差。

(2)内径百分表

内径百分表由百分表和表架组成。它用于测量孔的形状和孔径。内径百分表的构造如图4.25所示。

内径百分表的活动测头,其移动量很小,它的测量范围是由更换或调整可换测头的长度达到的。内径百分表的测量范围有:10~18 mm,18~35 mm,35~50 mm,50~100 mm,100~160 mm,160~250 mm,250~450 mm。

内径百分表是将测头的直线位移变为指针的角位移的计量器具。用比较测量法完成测量,用于不同孔径的尺寸及其形状误差的测量。用内径百分表测量孔径是一种相对量法。测量前应根据被测孔径的大小,在千分尺或其他量具上调整好尺寸后才能使用。

内径百分表的使用方法如下:

1)使用前检查

①检查表头的相互作用和稳定性。

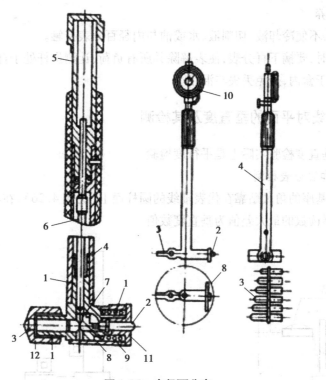

图4.25　内径百分表

1—三通管;2—活动量杆;3—固定量杆;4—表管;5—插口;6—活动杆;
7—杠杆;8—活动套;9—弹簧;10—百分表;11,12—锁紧螺母

②检查活动测头和可换测头表面光洁,连接稳固。

2)读数方法

测量孔径,孔轴向的最小尺寸为其直径;测量平面间的尺寸,任意方向内平均最小的尺寸为平面间的测量尺寸。

百分表测量读数加上零件尺寸即为测量数据。

3)正确使用

①把百分表插入量表直管轴孔中,压缩百分表一圈,紧固。

②选取并安装可换测头,紧固。

③测量时手握隔热装置。

④根据被测尺寸调整零位。

用已知尺寸的环规或平行平面(千分尺)调整零位,以孔轴向的最小尺寸或平面间任意方向内均最小的尺寸对零位,然后反复测量同一位置2~3次后,检查指针是否仍与零线对齐。如不齐,则重调。为读数方便,可用整数来定零位位置。

⑤测量时,摆动内径百分表,找到轴向平面的最小尺寸(转折点)来读数。

⑥测杆、侧头、百分表等配套使用,不要与其他表混用。

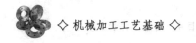

4)维护与保养

①远离液体,不使冷却液、切削液、水或油与内径百分表接触。

②在不使用时,要摘下百分表,使表解除其所有负荷,让测量杆处于自由状态。

③成套保存于盒内,避免丢失与混用。

4.4.2　轴线对平面的垂直度及其检测

检验方法:垂直度检验实际上是平行度检验。

(1)用角度和百分表检测

将具有相应基座的角尺贴靠在代表轴线的圆柱面上(见图 4.26),在相互垂直的两个平面内检验,指示器读数的最大差值为垂直度数值。

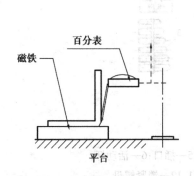

图 4.26　用角尺和百分表检验垂直度

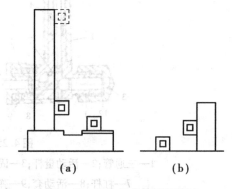

图 4.27　用水平仪检验垂直度

(2)用水平仪检验垂直度

将框式水平仪放在被检验平面和贴靠在轴的表面的若干位置上(见图 4.27)。在相互垂直的两个方向上分别读数,取其中的最大差值为垂直度数值。

(3)用检验棒、角尺和塞尺检验垂直度

将检验棒无间隙配合地插入孔内,角尺基面平放在被检验平面上,其测量面贴靠在代表轴线的检验棒的表面。用塞尺在相互垂直的两个方向上检验角尺与检验棒表面的间隙,间隙的最大值为垂直度数值。

4.4.3　位置度检测

位置度测量有以下 3 种方法:

①单件生产且精度不高的情况下,可用投影仪投影作测量,或者用卡尺作简单测量。

②如果大批大量生产,有以下方法:

a.制作几个和孔配的销子,插入孔中,用卡尺测边距和对角距。基本原理是当孔的位置度确定后,则孔与孔中心距就已确定,通过测量孔的中心距离,就能确定孔的位置度是否合格。

b.如图 4.28 所示,按 GB/T 8069—2003 设计的位置量规,在中心定位量规进入箱体的基准孔后,4个小插销应能同时进入箱体上相应的4孔为合格。

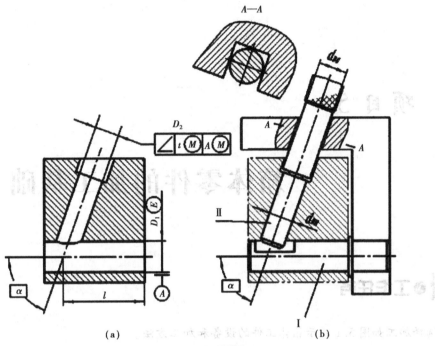

图4.28　位置量规

③利用专业的数位式等距卡尺进行测量各孔距和边距,如图4.29所示。

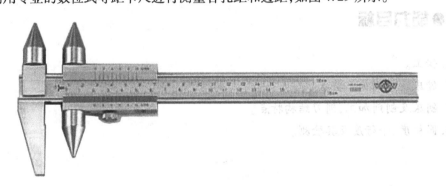

图4.29　等距卡尺

项目 5

箱体零件的加工基础

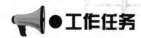
●工作任务

选择加工如图 5.1 所示箱体工件的设备和加工方法。

●能力目标

1. 钳工。
2. 镗床及镗削加工特点。
3. 刨床及刨削加工,刨刀结构特点。
4. 圆柱度、平行度及其检测。

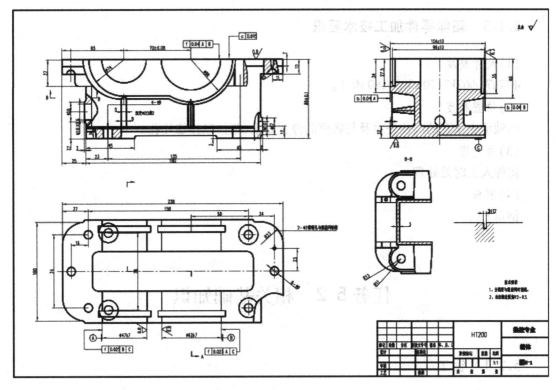

图 5.1

任务 5.1　识读箱体零件图

5.1.1　箱体零件的结构

箱体是机器中箱体部件的基础零件,由它将有关轴、套和齿轮等零件组装在一起,使其保持正确的相互位置关系,彼此按照一定的传动关系协调运动。

如图 5.1 所示,箱体机构复杂,箱壁较薄且不均匀,内部呈腔形,在箱壁上即有许多精度较高的轴承支承孔和平面,也有许多精度较低的紧固孔。箱体类零件需要加工的部位较多,加工难度也较大。

5.1.2　箱体零件材料

由图 5.1 可知,该零件材料为灰铸铁 HT200,因此,毛坯种类为铸件。灰铸铁的抗拉强度、塑性和韧性远低于钢。抗压强度与钢相近。

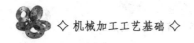

5.1.3 箱体零件加工技术要求

（1）尺寸精度

$\phi47k7$，$\phi62k7$，70 ± 0.08，80 ± 0.1。

（2）位置精度

两轴承支承孔的形位公差及与底面的位置要求，箱体联接螺栓孔。

（3）热处理

铸件人工时效处理。

（4）倒角

倒角 $C2$。

任务 5.2　相关基础知识

5.2.1　钳工

钳工一般是指利用各种手动工具来进行的切削加工、装配和修理等工作。

（1）钳工的加工特点

①工具简单，制造、刃磨方便。

②大部分是用手持工具进行操作，加工方便、灵活。

③能完成机械加工不方便或难以完成的工作。

④劳动强度大，生产率低，对工人技术水平高。

钳工的基本操作包括划线、錾削、锯割、锉削、攻丝、套扣、刮削及研磨等。此外，还包括娇正、弯曲、铆接以及机器的装备、调试与维修等。

随着生产的发展，钳工工具及工艺也不断改进，钳工操作正在逐步实现机械化和半机械化，如錾切、锯割、锉削、划线及装备等工作种已广泛使用了电动或气动工具。

（2）钳工的应用范围

①进行加工前的准备工作。如毛坯表面的处理；单件小批生产中在工件上划线等。

②加工某些精密件。如制造样板、工具、夹具、量具、模具的有关零件；刮削研磨有关表面。

③零件装备前进行的攻螺纹、套螺纹及装备时对零件的修整等。

④产品的组装、调整、试车及设备维修。

⑤单件小批生产中某些普通零件的加工。

（3）钳工常用的设备

钳工工作台、虎钳等。

（4）钳工基本技能

1）划线

划线是在毛坯或半成品件上根据图纸要求尺寸，划出加工界线的一种操作。

划线分为平面划线和立体划线。平面划线是在工件的一个平面上划线，即能明确表示出工件的加工界线；立体划线则是要同时在工件的三维方向划线，才能明确表示出工件的加工界线。

划线可检查毛坯的行状和尺寸是否符合图样要求，对合格的毛坯或半成品划出加工界线，标明加工余量，作为加工时的依据；对于毛坯形状和尺寸超差不大者，通过划线合理安排加工余量，调整毛坯各个表面的相互位置，进行补救，避免造成废品，这种方法称为"借料"。

2）錾削

錾削使用手锤打击錾子对金属工件进行切削加工的操作。錾削可加工平面、沟槽、切断金属及清理铸、锻件上的毛刺等。每次錾削金属层的厚度为 0.5 ~ 2 mm。

錾子是錾削工件的刀具，常用的錾子又平錾、槽錾、油槽錾等。平錾用于錾削平面、切削和去毛刺，槽錾用于开槽，油槽錾用于錾削润滑油槽。錾子的柄部一般制作为八菱形，便于控制柄刃方向。头部制作为圆锥形，顶端略带球面，使锤击时的作用力易与刃口的錾削主方向一致。

3）锯削

用手锯对材料或工件进行切断或切槽的操作，称为锯削。手锯是手工锯削的工具，包括锯弓和锯条两部分。锯条是用碳素工具钢制成，并经淬火、回火处理，其规格以锯条安装孔间的距离表示。常用的锯条长度 300 mm、宽 12 mm、厚 0.8 mm。每一个齿相当于一把錾子，起切削作用。

锯条齿锯大小以 25 mm 长度所含齿数多少，可分为粗齿、中齿、细齿 3 种。它主要根据加工材料的硬度、厚薄来选择。锯割来选择锯削软材料或厚工件时，应选用粗齿锯条，锯削硬材料及薄工件时，一般至少要有 3 个齿同时接触工件，使锯齿承受的力量减少，应选用细齿锯条。

4）锉削

用锉刀对工件表面进行切削加工的方法称为锉削。锉削是钳工中最基本的操作方法，这种加工方法可以加工的内外平面、内外曲面、内外角、沟槽和各种复杂形状的表面。

①锉刀的结构和种类

锉刀按用途分为钳工锉、特种锉和整形锉等。

钳工锉刀按其截面形状可分为扁锉、方锉、圆锉、半圆锉及三角锉 5 种。其中，以扁锉用得最多。

锉刀的规格一般以截面形状、锉刀长度、齿纹粗细来表示。锉刀大小以工作部分的长度表示，按其长度可分为 100,150,200,250,300,350,400 mm 7 种。按其齿纹可分为单齿纹锉刀和双齿纹锉刀。按每 10 mm 长度锉面上的齿数多少，可分为粗齿纹（4 ~ 12 齿）、中齿纹（13 ~ 23 齿）、细齿纹（30 ~ 40 齿）及最细齿纹（油光锉,50 ~ 62 齿）。

②平面锉削

锉削平面的方法有 3 种：交锉法、顺锉法、推锉法。粗锉时，采用交锉法，即锉刀运动方

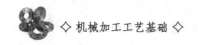

向与工件夹持方向约为30°,此法的锉痕是交叉的,故去屑较快,并容易判断锉削表面的不同程度,有利于把表面锉平。交锉后,再用顺锉法,即锉刀运动方向与工件夹持方向始终一致,如图5.2(a)所示。顺向锉的锉纹整齐一致,比较美观,适宜精锉。平面基本锉平后,在余量很少的情况下,可用细锉或油光锉以推锉法修光,推锉法一般用于锉光较窄的平面。

5)孔加工

钳工可进行钻孔、扩孔、按孔、饱孔等多种孔的加工。

钻削加工时,刀具旋转运动是主运动,同时沿轴向移动作进给运动。生产中常用的有台式钻床、立式钻床和摇臂钻床。台钻适于加工小型工件上的孔(直径在13 mm以下),如台钻2512,其主参数为最大钻孔直径12 mm。立钻比台钻刚性好、功率大,适于单件、小批生产中加工中、小型工件。典型的立钻如2535,其主参数为最大钻孔直径35 mm。摇臂钻床的摇臂能绕立柱作360°回转和沿立柱上下移动,因此,在加工中不必移动工件,就可在很大范围内钻孔,适于加工大、中型工件。典型的摇臂钻如Z3040,其主参数为最大钻孔直径40 mm。

①钻孔

用钻头在实体材料上加工孔,称为钻孔。

钻孔时,钻头容易引偏(引偏是指加工时由于钻头弯曲而引起的孔径扩大、孔不圆或孔轴线偏斜等),可采用钻套引导钻头钻孔及扩孔加工,以避免引偏;加工中排屑困难,而且排屑时易划伤已加工孔表面,降低孔表面质量;切削热不易传散,钻头易磨损,制约了切削用量和生产率的提高。

开始钻孔时,先对准样眼试钻一浅坑,检查是否对中,如有误,可用冲头重新冲孔纠正,也可用錾子錾出几条槽来加以纠正。

②扩孔

扩孔即用以扩大已加工出的孔(铸出、锻出或钻出的孔)。它可以校正孔的轴线偏差,并使其获得较正确的几何形状与较好的表面粗糙度。扩孔精度一般为IT10,表面粗糙度R_a一般为3.2~1.6 μm。扩孔可作为孔加工的最后工序,也可作为铰孔前的准备工序。扩孔加工余量为0.5~4 mm。扩孔钻的形状与麻花钻相似,不同的是:扩孔钻有3~4个切削刃,且没有横刃。扩孔钻的钻心大,刚度较好。由于齿数多,刚性好,故扩孔时导向性好。

③铰孔

铰孔是用铰刀对孔进行最后精加工的方法之一,其表面粗糙度R_a可达3.2~0.8 μm,精度一般为IT7~IT6直径小于25 mm的孔,钻孔后可直接用铰刀铰孔;直径大于25 mm时,需扩孔后再铰孔。

6)攻丝与套扣

①攻丝

用丝锥加工内螺纹的操作称为攻螺纹,又称攻丝。

丝锥是专门用来攻丝的工具。丝锥由工作部分和柄部组成。工作部分包括切削部分和校准部分。切削部分的作用是切去孔内螺纹牙间的金属。校准部分有完整的齿形,用来校准已切出的螺纹,并引导丝锥沿轴向前进。柄部有方头,用来传递切削扭矩。

丝锥应成组使用,M6—M24的丝锥为两只一组,称为头锥和二锥;小于M6和大于M24的丝锥为三只一组,称为头锥、二锥和三锥。

②攻丝操作

a.攻丝前首先要确定螺纹底孔直径,然后划线、打底孔。

b.开始攻螺纹时,用头锥起攻,起攻时,可一手用手掌按住铰杠中部,沿轴线用力加压,另一手配合作顺向旋进;或两手握住铰杠两端均匀施加压力,并将丝锥顺向旋进。孔口倒角,使丝锥开始切削时容易切入,丝锥放正,轻压旋入。当丝锥的切削部分全部进入工件时,就不需要再施加压力,而靠丝锥作自然旋进切削。并要经常倒转 1/4 ~ 1/2 圈,使切屑碎断后容易排除。用二锥、三锥时,旋入几扣后,只旋转不加压。攻韧性材料的螺孔时,要加切削液,以减小切削阻力,减小螺孔表面粗糙度和延长丝锥寿命。

③套扣

用板牙加工外螺纹的操作称为套扣,又称套螺纹。

板牙是加工外螺纹的标准刀具,可分为固定式和开缝式两种。它由切削部分、校准部分和排屑孔组成。它本身像一个圆螺母,只是在它上面钻有几个排屑孔,并形成切削刃。切削部分是板牙两端带有切削锋角的部分,起主要切削作用。板牙的中间是校准部分,也是套螺纹的导向部分。板牙的外圈有一条深槽和 4 个锥坑,深槽可微量调节螺纹直径大小,锥坑用来定位和紧固板牙。

板牙架是套蝶、纹的辅助工具,用来夹持并带动板牙旋转。

④套扣

操作套螺纹前圆杆端部要倒角使板牙易套入和放正,保证板牙端面与圆杆的垂直,一手用手掌按住铰杠中部,沿圆杆轴向施加压力,另一手配合作顺向切进,转动要慢,压力要大,注入润滑油润滑,也要经常倒转以断屑。

7)刮削

用刮刀在工件已加工表面上刮去一层很薄金属的操作,称为刮削。刮削后的表面具有良好的平面度,表面粗糙度 R_a 值可达 1.6 μm 以下,是钳工中的精密加工。零件上的配合滑动表面,如机床导轨、滑动轴承等常需要刮削加工。但刮削劳动强度大,生产率低。

①平面刮削

平面刮削是用平面刮刀刮削平面的操作,主要用于刮削平板、工作台、导轨面等。按其加工质量不同可分为粗刮、细刮、精刮及刮花等。

A.粗刮

工件表面粗糙、有锈斑或加工余量较大时(0.05 ~ 0.1 mm),应先粗刮。粗刮用长刮刀,用较大的推力和压力,刮削行程长,刮去的金属多。刮削方向与原机加工刀痕方向约成 45°,以后各次刮向交叉进行,直到刀痕全部刮掉为止。当粗刮到工件表面上贴合点增至每 25 mm×25 mm 面积内有 4 ~ 5 个点时,可以转入细刮。

B.细刮

将粗刮后的高点刮去,使贴合点数增加到 12 ~ 15 个,即可精刮。细刮采用短刮刀,刮出的刀痕短且不连续,刮向须交叉进行。

C.精刮

将大而宽的高点全部刮去,中等大小的高点在中部刮去一小块,小点子则不刮。经反复研点与刮削,使贴金点数目逐渐增多,直到符合要求为止。精刮刀短而窄,刀痕也短(3 ~ 5 mm)。

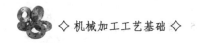

D. 刮花

在刮削平面上刮出花纹即为刮花。刮花的目的:一是使刮削平面美观;二是保证其表面有良好的润滑;三是可凭刀花在使用过程中消失情况判断其磨损程度。

②曲面刮削

对配合精度要求高的曲面有时也须刮削,如滑动轴承的轴瓦、衬套等。

8) 装配

装配是按规定的技术要求,将零件或部件进行配合联接,使之成为半成品的工艺过程。

①组装

组装(组件装配)是将若干零件安装在一个基础零件上,构成组件,如减速器的轴与齿轮。

②部装

部装(部件装配)是把零件装配成部件的过程。具体来说,就是将若干零件、组件安装在另一个基础零件上而构成部件(已成立为独立机构),如减速器的装配。

③总装

总装(总装配)是把零件或部件装配成最终产品的过程。具体来说,就是将若干零件、组件及部件安装在一个更大的基础零件上而构成功能完善的产品,如车床上各部件与床身的装配。

④调试及精度检验

产品装配完毕后,先要对零件或机构的相互位置、配合间隙和结合松紧进行调整,然后进行全面的精度检查,最后进行试车。

⑤装配工艺方法

A. 完全互换法装配

零件不经任何挑选或修配就能装配就成合格的产品,称为完全互换法。用完全互换操作简单,易于掌握,生产效率高,零件更换方便,但零件加工精度要求高。适合于批量生产。

B. 不完全互换法

零件的公差放大些,使加工容易经济,装配时将少量超差零件(出现概率小于 0.27%)剔除,其余进入装配线,仍能保证装配精度。这是不完全互换法的特征。

C. 分组装配法

分组装配法是在成批或大量生产中,将产品各配合副的零件按实测尺寸分组,装配时按组进行互换装配,以达到装配精度的方法。此法可在完全互换法所确定的各零件基本尺寸和偏差的基础上,扩大各零件的制造公差以改善其加工经济性,然后将制成后的零件按实际尺寸大小顺序分组,再将相应组的零件进行装配,结果以经济成本制造的低精度零件,却能装配出高精度的机器,这是分组互换法的优越性。

D. 修配装配法

修配装配法是在装配时修去指定零件上预留修配量以达到装配精度的方法。即扩大零件制造公差,使加工方便,制造成本低廉。装配时,用钳工修配方法,改变其中某一预先补偿。削批量生产中及装配精度要求且组成件多时应用很广。

E. 调整装配法

调试装配法指在装配时,用改变产品中可调整零件的相对位置或选用合适的调整件以上达到装配精度方法。调整件可分为固定调整件(如垫片等)和活动调整件(如调节螺钉、形块等)。这种方法适合于小批量或单件生产。

F.固定联接的装配方法

a.螺纹连接。装配中广泛地应用螺纹钉或螺栓与螺母来联接零部件。它具有结构简单,联接可靠,装拆容易,调整、更换方便和易于多次拆装等优点。拧紧成组螺钉或螺母时,要按照一定顺序进行,而且每个螺钉或螺母不能一次就完全拧紧。

b.键联接。键用来联接轴和轴上零件,使它们周向固定,以传递扭矩。它具有结构简单、工作可靠和装拆方便等优点,如齿轮、带轮和蜗轮等与轴的联接。常用的联接键有平键、半圆键和花键等。

c.销钉联接。它在机械中除起联接作用外,还可起定位作用和保险作用。销钉结构简单,联接可靠,拆装方便,应用广泛。

5.2.2 刨削、铣削、镗削

(1)刨削加工

刨削是指用刨刀对工件作相对往复直线运动的切削加工方法。

1)刨床

刨床主要用于单件、小批量生产中加工水平面、垂直面、斜面等各种平面和 T 形槽、V 形槽、燕尾槽等沟槽,也可加工直线成形表面,如图 5.2 所示。

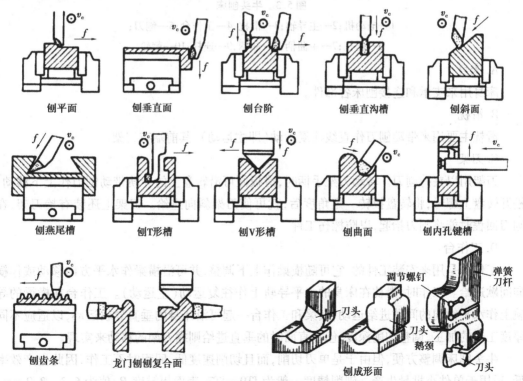

图 5.2 刨床加工的典型表面

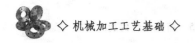

刨床的主运动和进给运动均属直线移动。当工件尺寸和质量较小时,由刀具的往复直线运动实现主运动,由工件的间歇移动实现进给运动,如牛头刨床。而龙门刨床则是采用工作台带着工件作往复直线运动为主运动,刀具作间歇的横向运动为进给运动。

①牛头刨床

牛头刨床是刨削类机床中应用较广的一种,因其滑枕、刀架形似牛头而得名。它适用于刨削长度不超过 1 000 mm 的中小型零件。牛头刨床主要由床身、滑枕、刀架、工作台、滑板及底座等部分组成,如图 5.3 所示。

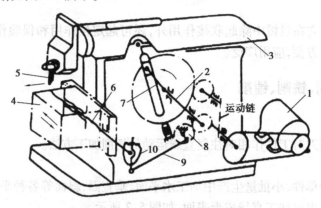

图 5.3　牛头刨床

1—电动机;2—主导轴;3—滑枕;4—工作台;5—刨刀;

6—丝杠;7—主曲柄;8—曲柄;9—连杆;10—棘轮

A.床身

床身用来支承和连接刨床各部件。

B.滑枕

滑枕主要用来带动刨刀作直线往复运动(即主运动),其前端有刀架。

C.刀架

刀架用以夹持刨刀。转动刀架手柄时,滑板便可沿转盘上的导轨带动刨刀作上下移动。松开转盘上螺母,将转盘扳转一定角度后,就可使刀架斜向进给。刀架上还装有抬刀架,在刨刀回程时能将刨刀抬起,以防擦伤工件。

D.工作台

工作台是用来安装工件的,它可随横梁作上下调整,并可沿横梁作水平方向移动或作横向间歇进给。工作时,滑枕在床身的水平导轨上作往复运动(主运动)。工作台在横梁的导轨上作水平横向的间歇进给运动,横梁和工作台一起可沿床身的垂直导轨运动,以适应不同厚度工件的加工,调整切削深度,刨垂直面时的垂直进给则靠刀架的移动来实现。

牛头刨床调整方便,但由于是单刃切削,而且切削速度低,回程时不工作,因此生产效率低,适用于单件小批量生产。刨削精度一般为 IT9—IT7,表面粗糙度 R_a 值为 6.3 ~ 3.2 μm,牛头刨床的主要参数是最大刨削长度。

②龙门刨床

龙门刨床主要用来刨削大型工件,特别适合于刨削各种水平面、垂直面以及由各种平面组合的导轨面。如加工中小零件,可在工作台上一次安装多个工件。另外,龙袍刨床还可用几把刨刀同时对工件刨削,其加工精度和生产效率均较高。

如图5.4所示为龙门刨床。它的主运动是工作台9沿床身10水平导轨所作的直线往复运动,床身10的两侧固定有左右立柱3和7,立柱顶部通过顶梁4连接,形成刚性较好的龙门框架。横梁2上装有两个垂直刀架5和6,可分别作横向垂向的进给运动和快速移动。横梁可沿左右立柱的导轨作垂直升降,以调整垂直刀架位置,适应不同高度工件的加工需要。加工时,横梁由夹紧机构夹持在两个立柱上。左右两个立柱上分别装有左侧刀架1和右侧刀架8,可分别沿垂直方向作自动工作进给和快速移动。各刀架的各自运动是在工作台一次往复直线运动后,由刀架沿水平或垂直方向移动一定距离,使刀具能逐次刨削所需的表面。

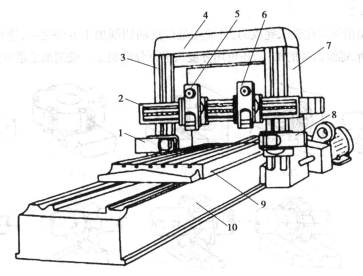

图5.4 龙门刨床

1,8—左右侧刀架;2—横梁;3,7—立柱;4—顶梁;5,6—垂直刀架;9—工作台;10—床身

2)刨刀及其用途

刨刀的形状类似于车刀,结构和刃磨简单。在单件小批量生产条件下,加工狭长平面比其他刀具经济,且生产准备省时,此外,用宽度刨刀以大进给量加工狭长平面时生产效率高,它适用于中小批量生产和维修车间。根据加工内容不同,可分为平面刨刀、切刀、扁刀、角度刀及样板刀。

3)刨削加工的方法

①刀具与工件的安装

工件的装夹应根据工件的大小、形装及加工面的位置进行正确选择。对于小型工件,一般都选用机床用平口虎钳装夹;对于大中型工件可用螺纹钉压板直接安装在工作台上。

②垂直面的刨削

刨削垂直面时用刨刀垂直进给加工平面。刨削时,把刀架转盘对准零线,调整刀座使刨刀相对于加工表面偏转一角度,让刀具上端离开加工表面,减小切削刃对加工面的摩擦,手摇刀架上的手柄作垂直间歇进给,即可加工表面。

③斜面的刨削

刨斜面与刨垂直面相似,是指需把刀架转盘转过一个要求的角度即可。如刨工件上的斜面,调整刀架转盘,然后手摇刀架上的手柄,即可加工出斜面。

4)刨削的工艺特点

由于刨削加工时,主运动为往复运动,切削过程不连续,受惯性力的影响,切削速度不可能高(牛头刨床、龙门刨床)且有一部分时间花费在空回程上,故生产率较低。但刨削加工适应性好,工艺成本低,加工狭长平面和薄板平面方便,并可经济地获得 IT9—IT7 级公差等级,表面粗糙度参数 R_a3.6 ~ 1.6 μm 加工精度。

(2)铣削加工

铣削加工是用铣刀在铣床完成的,是应用最广泛的切削加工方法之一,适用于各种平面、台阶、沟槽、切断、螺纹面等的加工,还可用分度头进行分度加工。铣削加工范围如图 5.5 所示。

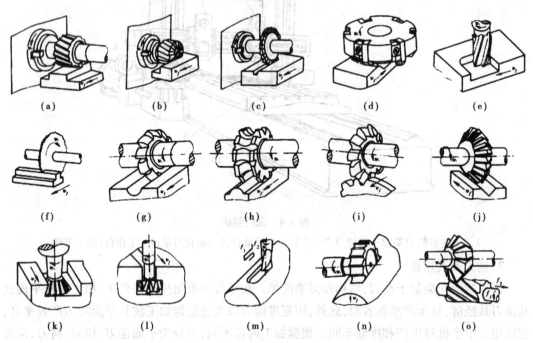

(a)	(b)	(c)	(d)	(e)
(f)	(g)	(h)	(i)	(j)
(k)	(l)	(m)	(n)	(o)

图 5.5 铣削加工范围

1)铣床

①卧式升降台铣床

卧式万能升降台铣床的外形如图 5.6 所示。它比卧式升降台铣床多了转台部分。其组成如下:

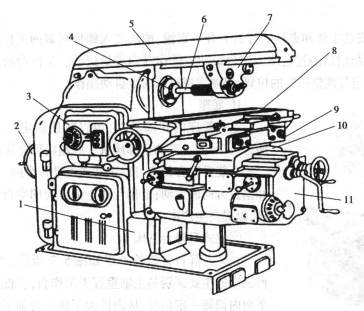

图 5.6   X6132 型卧式万能升降台铣床

A. 床身

床身其是用来支承和连接铣床的各个部件。床身顶面有供横梁移动的燕尾形水平导轨;前壁的燕尾形垂直导轨供升降台上下移动用。床身的后面装有电动机,内部装有主轴变速箱、主轴、电器装置及润滑油泵等部件。

B. 横主轴

它是空心的,前端有锥孔用来安装刀杆,并带动铣刀旋转。

C. 横梁

梁上装有吊架,用以支持刀杆的外伸端,以减少刀杆的弯曲和颤动,根据刀杆的长度可调整吊架的位置或横梁伸出的长度。若将横梁移至床身后端,可在主轴头部上立铣头,作为立式铣床用。

D. 升降台

升降台用来支承和安装横向溜板、转台和工作台,并带动它们沿床身的垂直导轨上下移动,以调整台面与铣刀间的距离。升降台内部装有进给运动电机及传动系统。

E. 横溜板

它用以带动工作台在升降台的水平导轨上作横向移动,以便调整工件于铣刀的横向位置。

F. 转台

转台上面有燕尾形水平导轨,供工作台作纵向移动,下面于横溜板螺栓相联。松开螺栓,可使转台动工作台水平旋转一个角度(最大为±45°),以使工作台斜向移动。

G.工作台

它是用来安装工件和夹具。台面上有 T 形槽,槽内放入螺栓可紧固工件或夹具。台面下部有一根传动丝杠,通过它使工作台带动工件作纵向进给运动。工作台的前侧面有一条T 形槽,用来固定与调整挡铁的位置,以便实现机床的半自动操作。

H.底座

它是铣床的基础部件,用以联接固定床身及升降丝杠座,并支承其上部的全部质量。底座内可存放切削液。

万能升降台铣床可以手动或机动作纵向(或横向)、横向和垂直方向的运动;工作台在 3 个方向的空行程均可快速移动,以提高生产率。

②立式升降台铣床

立式升降台铣床的外形如图 5.7 所示。它与卧式升降台铣床的主要区别是主轴垂直于工作台,立铣头还可以垂直平面内偏转一定角度,从而扩大了铣床的加工范围。其他部分与卧式升降台铣床相似。

图 5.7 立式升降台铣床

③龙门铣床

龙门铣床主要用来加工大型或较重的工件。如图 5.8 所示,龙门铣床有一个龙门式框架,两个垂直铣削头能沿横梁左右移动,两个水平铣削头可沿立柱导轨上下移动,每个铣削头都能沿轴向进行调整,并可按需要转动一定角度。横梁可沿立柱导轨上下移动。

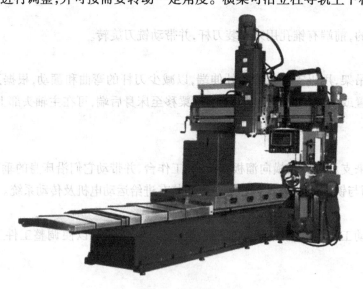

图 5.8 龙门铣床

2)铣刀

①带柄铣刀

带柄铣刀如图 5.9 所示。图 5.9(a)为端面铣刀,用于铣削平面、端面、斜面;图 5.9(b)

为立铣刀,用于铣削直槽、水平面和台阶面等;图5.9(c)为键槽铣刀,用于铣削轴上键槽等;图5.9(d)为T形槽铣刀,用于铣削T形槽;图5.9(e)为燕尾槽铣刀,用于铣削燕尾槽等。

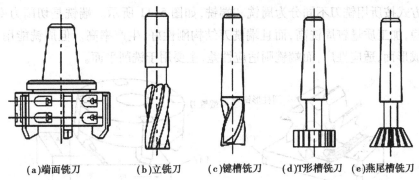

(a)端面铣刀　(b)立铣刀　(c)键槽铣刀　(d)T形槽铣刀　(e)燕尾槽铣刀

图5.9　带柄铣刀

②常用的带空铣刀

常用的带空铣刀如图5.10所示。图5.10(a)为圆柱铣刀,用于铣削平面;图5.10(b)为三面刃铣刀,用于铣削开式直槽、小台阶面和四方或六方螺钉头小侧面;图5.10(c)为锯片铣刀,用于铣削窄缝或切断;图5.10(d)为盘状模数铣刀,用于铣削齿轮和齿形;图5.10(e)、(f)为角度铣刀,用于铣削燕尾槽、V形槽、开齿、刻线;图5.10(g)、(h)为半圆弧铣刀,用于铣削内凹和外凸圆弧表面。

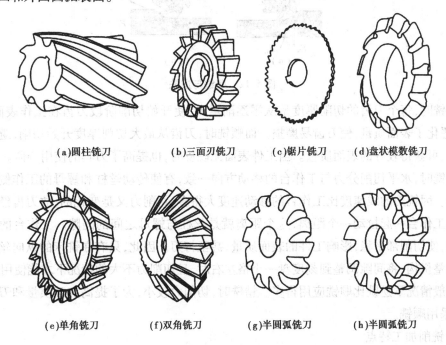

(a)圆柱铣刀　(b)三面刃铣刀　(c)锯片铣刀　(d)盘状模数铣刀

(e)单角铣刀　(f)双角铣刀　(g)半圆弧铣刀　(h)半圆弧铣刀

图5.10　带孔铣刀

3)切削方式

①周铣与端铣

铣削方式按所用铣刀不同分为周铣和端铣,如图 5.11 所示。端铣是切削力变化小,铣削过程平稳,加工质量较周铣高,而且端铣刀结构刚性好,生产率高。但周铣能用多种铣刀铣削各种成形面,适应性广,而端铣则适应性差,主要用于铣削平面。

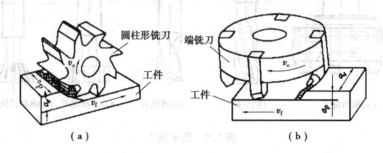

图 5.11　周铣与端铣

②顺铣和逆铣

周铣时,当铣刀上切削刀齿的运动方向与工件的进给方向相同时称为顺铣,反之称为逆铣,如图 5.12 所示。

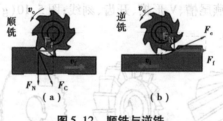

图 5.12　顺铣与逆铣

逆铣时,每个刀齿的切削厚度是从零逐渐增大,使开始切削阶段刀齿在工作表面挤压、打滑,恶化了表面质量,使刀齿易磨损。而顺铣时,刀齿从最大切削厚度开始切削,避免了打滑现象,可获得较好的表面质量。当工件表面无硬皮时,也提高了刀具的使用寿命。

顺铣时,水平切削分力与工作台的移动方向一致,有使传动丝杠和螺母的工作侧面脱离的趋势。因铣刀的线速度比工作台的移动速度大得多,切削力又是变化的,故刀齿经常会将工件和工作台一起拉动一个距离,这个距离就是丝杠与螺母之间的间隙。工作台的这种突然窜动,使切削部平稳,影响工件的表面质量,甚至打刀。因此,只有在铣床的纵向丝杠装有间隙调整机构,将间隙调整到刻度盘一小格左右时,且切削力不大的情况下才能使用顺铣。

一般情况下逆铣比顺铣应用得多。精铣时,切削力较小,为了提高加工质量和刀具耐用度,多采用顺铣。

4)铣削加工特点

铣削加工是用多齿刀具进行切削,属于断续加工,刀齿可以轮换切削,因而刀具的散热条件好,允许有较大的进给量和较高的切削速度,生产效率较高。但是由于铣刀刀齿是不断切入和切出,使得切削力不断地变化,因而易产生冲击和振动。切削加工的精度与刨削大致相同,一般尺寸精度可达 IT9—IT7,表面粗糙度为 $R_a 6.3 \sim 1.6 \mu m$。

(3)镗削加工

镗削是在大型工件或形状复杂的工件上加工孔及孔系的基本方法。其优点是能加工大直径的孔,而且能修正上一道工序形成的轴线斜歪的缺陷。

1)镗床

镗床按结构和用途不同,可分为卧式镗床、坐标镗床、金刚镗床及其他镗床。其中,卧式镗床应用最广泛。如图 5.13 所示卧式镗床,由床身、前立柱、后立柱、主轴箱、主轴、平旋盘、工作台、上滑座、下滑座及尾架等部件组成。加工时,刀具装在主轴上或平旋盘的径向刀架上,从主轴箱处获得各种转速和进给量。主轴箱可沿前立柱上下移动或随上滑座沿下滑座上导轨作横向移动。此外,工作台还能绕上滑座上的圆形导轨在水平面内转一定的角度。

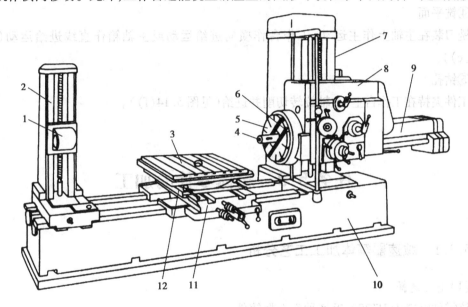

图 5.13 卧式铣镗床

1—后支架;2—后立柱;3—工作台;4—镗轴;5—平旋盘;6—径向刀具溜板;
7—前立柱;8—主轴箱;9—后尾筒;10—床身;11—下滑座;12—上滑座

2)镗削加工

①镗孔

镗刀装在主轴上作主运动,工作台作纵向进给运动。对于浅孔,镗杆短而粗,刚性好,镗杆可悬臂安装(见图5.14(a));若是深孔或距主轴端面较远的孔,宜于用后立柱上的尾架来支承镗杆以提高刚度(见图5.14(b))。

②镗大孔

镗刀装在平旋盘刀架上作主运动,工作台作纵向进给运动(见图5.14(c))。

③车端面

刀具装在平旋盘刀架上作主运动,同时沿其上的径向导轨作进给运动,工作台固定不动(见图5.14(d))。

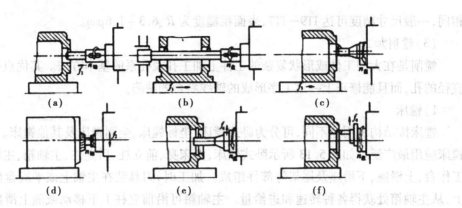

图 5.14　卧式镗床主要工作

④铣平面

铣刀装在主轴上作主运动,工作台作横向进给运动或主轴箱作直线进给运动(见图5.14(e))。

⑤钻孔

工件夹持在工作台上,主轴旋转切削并进给(见图5.14(f))。

任务 5.3　箱体零件的加工

5.3.1　减速器箱体加工工艺分析

(1)毛坯选择

该零件材料为 HT200,毛坯种类选择铸件。

(2)材料特性

减速器箱体的材料为 HT200,灰铸铁的抗拉强度、塑性和韧性远低于钢。抗压强度与钢相近。在铸造后机械加工之前,一般应经过清理和退火处理,以消除铸造过程中产生的内应力。粗加工后,会引起工件内应力的重新分布,为使内应力分布均匀,也应作适当的时效处理。有条件的应在露天存放 1 年以上再加工。灰铸铁切削加工性能良好。

(3)主要技术条件

①孔轴心线对基准轴心线的垂直度公差为 0.06 mm。

②两孔同轴度公差为 $\phi0.06$ mm。

5.3.2　加工减速器箱体

（1）操作步骤

箱体的机械加工工艺过程如下：

①毛坯准备。

②划线。

③以上平面为基准，铣底平面。

④以底平面为基准，铣上平面。

⑤互为基准，磨两大平面。

⑥用钻模板钻、扩、铰上平面 6-ϕ9，钻底平面 4-ϕ9，锪 4-ϕ20 沉孔。

⑦以上平面及平面上对称线上两孔为基准，铣两侧面。

⑧以上平面及平面上对称线上两孔为基准，镗轴承孔。

⑨以上平面及平面上对称线上两孔为基准，铣油槽。

⑩钳工去毛刺。

（2）箱体类零件的加工特点

①合理选择各工序的定位基准是保证零件加工精度的关键，对提高生产率、降低生产成本都有重要影响。

②选好第一道工序或创建或转换精基准是保证零件加工精度的关键。最初因毛坯的表面没有经过加工，只能以粗基准定位加工出精基础定位贯穿加工的全过程。

③选择定位基础时，一般根据零件主要表面的加工精度，特别是有位置精度要求的表面作精基础。同时，要确保工件装夹稳定可靠、控制好装夹变形、操作方便，夹具要通用、简单。

④选择精基准应遵循基准重合原则、自为与互为基准原则。

⑤选择粗基准应遵循便于加工转化为精基准；面积较大；平整光洁，无浇口、冒口、飞边等缺陷的表面；能保证各加工面有足够的加工余量。

⑥在具体选择基准时，应根据具体情况进行分析，要保证主、次要表面的加工精度。

（3）工件安装和夹具

箱体加工的主要工艺问题就是保证孔的各项精度，多采用通用夹具、通用刀具、标准量具的原则，宜采用活动压板、T 形槽用螺栓、气动夹紧等夹具零件，通过找正法安装；也可采用专用夹具（镗模法）安装。刀具常采用专用多镗刀、铰刀、铣刀、麻花钻、标准车刀等，量具常用千分尺、游标卡尺、百分表、高度尺、块规等。

（4）加工方案

1）拟订工艺路线

①需分析零件的工艺特点、精度等级和生产率要求，并结合工厂生产能力、社会资源合理配置，确定工序，拟订出工件的加工工艺路线、加工方法和设备。

②箱体中常由多个中心孔、阶梯轴与端面等结构组成，其同轴度、圆锥度、平行度、垂直度的要求较高时，可采用镗床主轴或镗杆加尾座加工孔和采用镗床中的辐射刀架加工内外

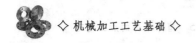

平面。

2)加工顺序的安排原则

①基面先行。先加工基准表面,后加工其他表面。

②先面后孔的加工顺序。先加工主要表面(指装配基面、工作表面等),后加工次要表面(指沉孔、螺孔等);先加工高精度孔,后加工次高精度孔;先加工高精度孔端面,后加工次高精度孔端面。

③先粗后精的原则。先安排粗加工工序,后安排精加工工序。

④热处理工序可参照前面项目2的相关内容来安排路线。

⑤工序完成后,除各工序操作者自检外,全部加工结束后应安排检验工序。

最终工艺路线为

$$铸—热处理—划线—粗铣—粗镗—精镗—划线—钻—检$$

(5)工艺措施

①在加工前,安排划线工艺是为了保护工件壁厚均匀,并及时发现铸件的缺陷,减少废品。

②该工件体积小,墙薄,加工时应注意夹紧力的大小,防止变形。精镗前要求对工作压紧力进行适当的调整,也是确保加工精度的一种方法。

③两孔的垂直度 0.06mm 要求,由 T68 机床分度来保证。

④两孔孔距 100±0.12mm,可采用装心的方法检测。

5.3.3 箱体零件的孔系加工和平面加工

(1)箱体零件的孔系加工

箱体上一系列相互位置有要求的孔的组合,称为孔系。孔系可分为平行孔系(见图5.15(a))、同轴孔系(见图5.15(b))和交叉孔系(见图5.15(c))。

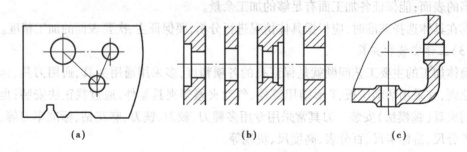

(a)　　　　　　　　(b)　　　　　　　　(c)

图5.15 孔系的分类

孔系加工对孔本身的精度要求较高,而且孔距精度和位置精度也高,因此是箱体加工的关键。

1)平行孔系的加工

平行孔系的主要技术要求是各平行孔中心线之间及中心线与基准面之间的距离尺寸精度和相互位置精度,生产中常采用以下3种方法:

①找正法

找正法是在通用机床上,借助辅助工具来找正要加工孔的正确位置的加工方法。这种方法加工效率低,一般只用于单位小批生产。根据找正法又可分为以下 4 种:

A.划线找正法

加工前按照零件图在毛坯上划出各孔的位置轮线,然后按划线一一进行加工。划线和找正时间较长,生产率低,而且加工出来的孔距精度也低,一般为±0.5mm。为提高划线找正的精度,往往结合试切法进行,即先按线找正镗出一孔,再按线找正主轴的位置,再进行试镗出一个比同样要小的孔,若不符合同样要小的孔,若不符合图样要求,则根据测量结果更新调整主轴的位置,再进行试镗、测量、调整,如此反复几次,直到达到要求的孔距尺寸为止。此法虽比单纯的按线找正法所得到的孔距精度高,但与要求的孔距精度相比较低,操作的难度较大,生产效率低,适用于单位小批量生产。

B.心轴和块规找正法

镗第一排孔时将心轴插入主轴孔内(或直接利用镗床主轴),然后根据孔和定位基准的距离组合一定尺寸的块规来校正主轴位置,如图 5.16 所示。校正时,用塞尺测定块规与心轴之间的间隙,以避免块规与心轴直接接触而损伤块规。镗第二排孔时,分别在机床主轴和加工孔中插入心轴,采用同样的方法来校正主轴轴线的位置,以保证孔心距的精度。这种找正的孔心距精度可达±0.03 mm。

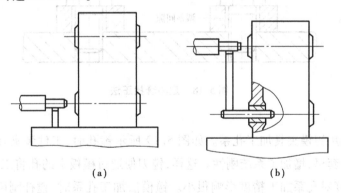

（a）　　　　　　　　　　　　（b）

图 5.16　心轴块规找正法

C.样板找正法

用 10 ~ 20 mm 厚的钢板制造样板,装在垂直于各孔的端面上(固定于机床工作台上),如图 5.17 所示。样板上的孔距精度较箱体孔系的孔距精度高(一般为±0.1 mm ~ ±0.3 mm),样板上的孔径较工件孔径大,以便于镗杆通过。样板上孔径尺寸精度要求不高,但要有较高的形状精度和较高的表面粗糙度。当样板准确地装到工件上后,在机床主轴上装一千分表,按样板找正机床主轴,找正后,即换上镗刀加工。此法加工孔系不易出差错,找正方便,孔距精度可达±0.05 mm。这种样板成本低,仅为镗模成本的 1/9 ~ 1/7,这种方法常用于单件小批的大型箱体加工。

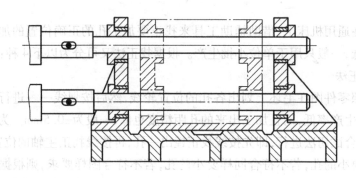

图 5.17 样板找正法

D.定心套找正法

如图 5.18 所示,先在工件上划线,再按线攻螺钉孔,然后装上形状精度高而光洁的定心套,定心套与螺钉间有较大间隙,然后按图样要求的孔心距公差的 1/5 ~ 1/3 调整全部定心套的位置,并拧紧螺钉复查后即可上机床,按定心套找正锥床主轴位置,卸下定心套,镗出一孔。每加工一个孔找正一次,直至孔系加工完毕。此法工装简单,可重复使用,特别适宜加工单件生产下的大型箱体和缺乏坐标镗床条件下加工钻模板上的孔系。

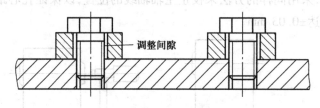

图 5.18 定心套找正法

②镗模法

镗模法即利用镗模夹具加工孔系。如图 5.19 所示镗孔时,工件装夹在镗模上,镗杆被支承在镗模的导套里,增加了系统刚性。这样,镗刀便通过模板上的孔将工件上相应的孔加工出来,机床精度对孔系加工精度影响很小。镗模法加工孔系时,镗杆刚度大大提高,定位夹紧迅速,节省了调整、找正的辅助时间,生产效率高,是中批生产、大批大量生产中广泛采用的加工方法。但由于镗模自身存在的制造误差,导套与镗杆之间存在间隙与磨损,因此孔距的精度一般可达±0.05 mm。同轴度和平行度从一端加工时,可达 0.02 ~ 0.03 mm;当分别从两端加工时,可达 0.04 ~ 0.05 mm。此外,镗模的制造要求高,周期长、成本高,对于大型箱体较少采用镗模法。

③坐标法

坐标法镗孔是在普通镗床、立式就床和坐标镗床上,借助测量装置,按孔系间相互位置的水平和垂直坐标尺寸,调整主轴的位置,来保证孔距精度的镗孔方法。孔距精度取决于主轴沿坐标轴移动的精度。采用光栅或磁尺的数显装置,读数精度可达 0.01 mm,满足一般精度的孔系要求。坐标镗床使用的测量装置有精密刻线尺与光电瞄准、精密丝杠与光栅、感应

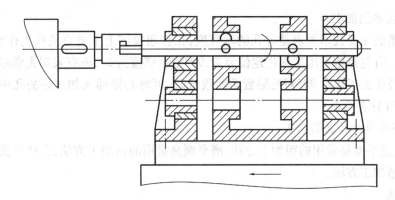

图5.19　镗模法

同步器或激光干涉测量装置等,读数精度可达0.001 mm,定位精度可达±(0.001~0.003) mm,可加工孔距精度要求特别高的孔系,如镗模、精密机床箱体等零件的孔系。

2)同轴孔系的加工

同轴孔系的主要技术要求是孔的同轴度。保证孔的同轴度有如下方法:

①镗模法

在成批生产中,采用镗模加工,其同轴度由镗模保证。如图5.20所示,可同时加工出同一轴线上的两个孔,孔的同轴度误差可控制在0.015~0.02 mm。

②利用已加工过的孔作支承导向

这种方法是在前壁上加工完的空内装入导向套,支承和引导镗杆加工后壁上的孔,如图5.20所示。该方法适用于加工箱壁相距较近的同轴孔。

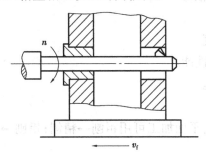

图5.20　利用导向套加工同轴孔

③利用镗床后立柱上的导向套支承镗杆

用这种方法加工时镗杆为两端支承,刚度好,但后立柱导向套位置的调整复杂,且需较长的镗杆。该方法适用于大型箱体的孔系加工。

④采用调头镗法

当箱体箱壁距离较大时,可采用调头镗法。即工件一次安装完毕,镗出一端孔后,将工作台回转180°,再镗另一端的同轴孔。这种加工方法镗杆悬伸短,刚性好,但调整工作台的回转时,保证其回转精度较为麻烦。

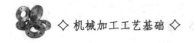

3)交叉孔系的加工

交叉孔系的主要技术要求是各孔的垂直度,在普通镗床上主要靠机床工作台上的回转精度来保证。有些镗床采用端面齿定位装置,90°定位精度为5″,还有采用光学瞄准器定位。当有些普通镗床的工作台90°对准装置精度很低时,可将心棒插入加工好的孔中,将工作台回转90°,用百分表找正。

(2)箱体类零件平面的加工

镗平面、刨平面是常用的粗加工方法,磨平面是常用的精加工方法,刮研平面、研磨平面是平面的光整加工方法。

1)刨平面

刨削加工箱体时,机床调整方便。如在龙门刨床上可在工件的一次安装中,利用几个刀架完成几个表面的加工,并可保证这些表面间的相互位置精度;但在加工较大平面时,效率较低,适用于单件小批量生产。

2)镗平面

镗削加工箱体平面的生产率较高。在成批和大量生产中,箱体类零件平面的机加工和半精加工均由镗削完成。当加工尺寸较大的箱体平面时,可在多轴龙门镗床上进行组合镗削,以保证平面间的相互位置精度及提高生产率。

3)磨平面

磨削加工主要用于生产批量较大的箱体平面的精加工。为了提高生产率和保证平面之间的相互位置精度,可采用专用磨床进行组合磨削。

4)选择平面加工方法的依据

①表面粗糙度。

②表面的形状、位置精度。

③工件材料的切削加工性能。

④工件的形状结构特点。

⑤工厂现有设备情况。

加工选择的工艺路线有:平面加工可用粗刨→精刨;粗刨→半精刨→磨削;粗镗→精镗或粗镗→磨削,等等。

任务 5.4　箱体零件的检测

5.4.1　孔的形状精度

孔的形状精度(如圆度、圆柱度等)用内径量具(如内径千分尺、内径百分表等)测量,对于精密箱体,需用精密量具来测量。

5.4.2　孔系的相互位置精度

（1）同轴度

一般检验同轴度使用检验棒。如果检验棒能自由地推入同一轴线的孔,则表明同轴度误差符合要求,若测定孔的同轴度值,可用检验棒和百分表检测。当测量孔径较大或孔间距较大时,使用准直仪进行检验。

（2）箱体的平行度

孔的轴线对基面的平行度检验,将被测零件直接放在平板上,被测轴心线由心轴模拟,用百分表测量心轴两端,其差值为测量长度内轴心线对基面的平行度。孔轴心线间的平行度的检验,将被测零件放在等高支承上,基准线与被测轴心线由心轴模拟,用百分表测量。

（3）箱体的垂直度

1）箱体端孔垂直度检具

把检具放在被测工件的端孔内,使其弯板与工件端孔接触。为了便于观察,安装千分表时,应朝相反方向倾斜一个角度。在一圆周位置上,调整千分表,使其触及工件孔壁上时,千分表示值都调整为零。而后再依次在孔圆周上测量,读出两个千分表读数的最大和最小差值,即 $\Delta_{\max}$ 和 $\Delta_{\min}$,孔母线对端面的最大倾斜度 $\Delta=\Delta_{\max}-\Delta_{\min}$,然后按下列公式计算孔轴线对端面的垂直度实际值,即

$$F=\frac{D}{2L}\Delta$$

式中　D——工件孔径；

　　　L——两千分表侧头间距离。

2）孔与孔垂直度检具

测量工件时,先将长套放入工件孔内,然后拧动左右手把,带动左右锥轴相向移动。钢球在锥轴锥度作用下,使钢球外胀,整个长套定位在工件孔内,而后把支座套在长套左端,使支杆上的辅助支杆的右端触头和芯轴的母线接触（芯轴上涂抹机油）,并调整百分表为零,使表触头呈压表状态,并手持支杆摆动,记下表中的最大值。用同样的方法,把支座拿下放在长套右端,同样记下表中的最大值。两最大值之差就是垂直度的实际值。此种方法测量精度高,操作方便,但是只能测量一个方向的垂直度。

5.4.3　中心距的检测

中心距的检测方法有很多。一般在单件生产的情况下,借助产品本身零件来测量；在大批量生产的条件下,通过制作专用检具进行测量。

在被测工件上,首先选用分级测棒分别插入两个如孔中,然后把工件放在活动套上,用百分表测量左端测棒的最高点,记下百分表的读数；在工件的台肩下面垫上校表块,再测量另一端测棒的最高点。记下百分表的读数,两次读数之差就是孔距的实际误差值。该种量具结构简单,准确可靠。